园林艺术 简论

◎ 陈鹭 著

北京交通大学出版社

·北京·

内 容 简 介

本书呈现了园林最经典的理论和最精彩的实例，内容包括园林释义、中外园林简介、中国传统园林的造园手法、造景和组景的艺术、园林形式美法则、园林与环境行为、园林意境、园林建筑、园林植物的应用，以及实例分析颐和园、避暑山庄、圆明园、拙政园、留园、网师园、凡尔赛宫园林等，目的在于使读者从专业的角度对园林有一个完整的认识，并以专业的眼光分析园林。

版权所有，侵权必究。

图书在版编目(CIP)数据

简论园林艺术 / 陈鹭著 . —北京：北京交通大学出版社，2017.1

ISBN 978–7–5121-3144-6

Ⅰ.①简… Ⅱ.①陈… Ⅲ.①园林艺术 Ⅳ.① TU986.1

中国版本图书馆 CIP 数据核字（2017）第 015742 号

简论园林艺术

JIANLUN YUANLIN YISHU

责任编辑：曾 华

出版发行：北京交通大学出版社　　　　　　　　电话：010–51686414

地　　址：北京市海淀区高粱桥斜街 44 号　　　邮编：100044

印 刷 者：北京艺堂印刷有限公司

经　　销：全国新华书店

开　　本：185 mm×210 mm　　　印张：8　　　字数：210 千字

版　　次：2017 年 1 月第 1 版　　　2017 年 1 月第 1 次印刷

书　　号：ISBN 978–7–5121-3144-6 / TU•157

定　　价：68.00 元

本书如有质量问题，请向北京交通大学出版社质监组反映。对您的意见和批评，我们表示欢迎和感谢。

投诉电话：010-51686043，51686008；传真：010-62225406；E-mail：press@bjtu.edu.cn。

前　言

　　一直想为入园林大门及对这门专业感兴趣的人写一本书。之所以不想宏篇大论，是因为简洁、明快又内涵丰富的读物，往往能让读者更好地抓住书中所要表达的基本要点。

　　本书包括园林的理论篇和实例篇两部分。理论篇基本概括了园林的相关理论知识，对园林的起源、发展沿革及名称变化做了追溯，对中外园林做了一个简要的介绍，对造园手法、造景和组景的艺术、形式美法则进行了归纳，对园林与环境行为、园林意境进行了探究，对园林建筑、园林植物的应用进行了分析。实例篇，重点分析了具有典型审美意义的颐和园、避暑山庄、拙政园、留园、凡尔赛宫等中外园林。这些园林，既寄托了园主的理想、追求和情趣，又体现了造园者的技术、水准和品位。

　　本书不是一部资料集，而是仅仅把最经典的理论和最精彩的实例呈现给读者。这些最经典的理论，不仅适用于园林领域，也适用于城市规划与建设领域。这些最精彩的实例，几乎把所有的造园理法都囊括于实践中，所以无须更多的实例和文字。如果读者能比较轻松、愉快地阅读本书，掌握园林的基本理论方法，并练就园林赏析的专业眼光，能因此对园林感兴趣并进入园林艺术这个领域，就达到了本书写作的目的。

　　本书行文力求轻松，力戒说教，力争简短，以说清问题为度。希望读者能够喜欢。

　　在成书的过程中，中国建筑学会原秘书长张祖刚教授慷慨提供其著作中的图片，北京市社科联原党组书记张文启先生、故宫博物院高级工程师白丽娟先生、我的老同学耿丽萍、贾麦娥、我的学生杜雨为本书拍摄或提供了图片，我的研究生祁帅帮助描绘了插图，我院孙淑媛老师为本书的出版提供了帮助，北京交通大学出版社为本书的出版付出了辛勤的劳动。

　　在此一并致谢！

陈　鹭

2017.1 于北京

目录

理论篇

移天缩地，藏山蕴海

　　天地入怀是皇家的理想，藏身园林是隐者的愿望。每一座园林都是一篇文章，豪放或婉约是它的风格，直白或含蓄是它的特色，亭、台、楼、阁、山、水、沟、壑是它的语言，景观序列的组织形成它的起承转合。园林是造园者理想的映射，情思的寄托。

第一章

园林释义

究竟什么是园林？专家们众说纷纭，莫衷一是。

园林诞生于久远以前，可以追溯到奴隶社会之前。

园林的形态十分丰富，从远古的郊外猎苑，到古代的皇家园林、私家园林，到今天的城市园林、大地景观，园林的形态十分繁多。

园林的功能颇多，从郊外猎苑单纯的游娱功能，到古代园林讲究可观、可游、可居，发展到今天的城市人工环境，园林除游憩、娱乐、观赏外，人们更强调它的生态功能。

园林的规模差异很大，从面积十几平方米的小巧院落，到以数万平方千米计的国家公园，面积相差很大。例如，我国云南省的三江并流风景名胜区，总面积达3万多平方千米，相当于两个北京市的面积。又如，安徽黄山风景名胜区，总面积达154平方千米。再如，四川九寨沟国家森林公园，面积亦达到62平方千米。

四川九寨沟的海子，色彩明丽

四川九寨沟的海子和瀑布　　　　　　　　　　四川九寨沟五色海的水面，仿佛翡翠一般

美国科罗拉多大峡谷，总面积近3 000平方千米。美国的黄石国家公园，面积近10 000平方千米。

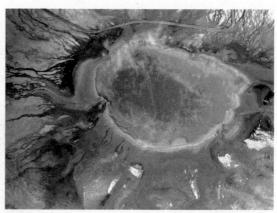

美国黄石国家公园的喷泉（资料来源：明信片）　　美国黄石国家公园的大棱镜彩泉（资料来源：明信片）

　　园林的类型很多，从我国古代的私家宅园、皇家苑囿、寺观园林和风景名胜区，到西方古代的庭园、庄园、帝王园林，再到现代的城市绿地和绿地系统、城市公园、风景名胜区、地质公园、森林公园及自然保护区等，类型繁多。广义的城市绿地系统，不仅包括城市市区的园林绿地，还包括城市市域的广义的绿地，如农田、林地等生态绿地以及湿地。城市公园又分为综合性公园、专类公园（如植物园、动物园、儿童公园等）及居住区公园。

青海坎布拉地质和森林公园　　　　　　　　　　　　四川花湖景区

四川若尔盖草原的傍晚

从平面艺术构图的角度来划分，园林又可分为自然式园林、规则式园林及混合式园林。

园林的发展历史很久远，从早先设计一个小巧的花园，到现在规划广袤的大地景观，从原本只是单纯地追求艺术的美感，到现在认识到生态环境建设在园林中的深刻意义，园林也随着时代的发展而发展。

园林学的专业内涵很丰富，至少应当包括三大部分，一是园林植物，二是园林规划与设计，三是园林工程。

园林的地点也在不断拓展，从城市中的"第二自然"拓展到了人类尚未打上自己烙印的遥远的处女地。

园林的名称的演变更是让人眼花缭乱。中国从"囿""圃"，到"苑"，到"园亭""园池""池馆"，到"园林"，到"园林景观"；西方则从landscape gardening到landscape architecture。

目前我国已经开始启动建立和建设国家公园的工作，园林工作的范畴更加宽广了。国家公园的建立，将会把风景区、自然保护区、国家地质公园、国家森林公园统一起来，使它们成为园林的工作范畴。

关于传统园林的定义，据张家骥先生统计，不下10种。确实很难给园林下一个特别确切的定义。如果非要用简短的话语给现代园林以定义的话，能否这样说，现代园林一般是指以植物景观为特征的，以为人类提供良好人居与休闲、游憩环境为目的的，采用了技术手段和艺术手法的，包含了山水、园林（景观）建筑、园路广场的人工化的以植物群落为主体的优美的环境。

园林植物之美丽的蜘蛛兰

园林植物之美丽的观赏向日葵

之所以说是"一般"，是因为有特例。例如，某些地质公园，如沙漠公园，就少有或没有植物群落。日本的枯山水园林往往没有植物群落。又如，一些原始森林公园、风景名胜区、地质公园是天然形成的，没有或者少有艺术设计的成分。还如，山水、园林（景观）建筑、园路广场也未必是所有园林都有的，一些沙漠公园、海洋公园就没有园路，有些平地园林就没有山水，但是它们仍然有地形。

日本枯山水园林的代表龙安寺方丈庭院（引自张祖刚《世界园林发展概论》）

植物景观是一般园林都具有的，因为这是园林与建筑、园林与交通的基本的分野。一般来说，离开了植物，就没有园林，但日本的枯山水园林就没有植物。在中国传统园林中，建筑的比重很大，但建筑的存在形式是与植物、山水交融共生的。

西方古代园林是以建筑统率环境的，但是达到高峰的凡尔赛宫园林却是以园林统率建筑的，建筑因园林而反复修改。因为凡尔赛宫以植物为主体的园林的规模十分宏大，原来设计的建筑不能与之相称，所以几经拆改扩建，才形成了今天的样子。

北京故宫御花园中的亭子（白丽娟摄）

为人类提供良好的人居与休闲、游憩的环境，就是要以人为核心，以满足人类居住与休闲、游憩的需要为目的，以大自然为基础，形成人与自然发生联系和作用的中介，达到人与自然的和谐统一。从城市园林，到广袤的大地景观，都是为形成良好的人居环境服务的。目前，大气中的二氧化碳浓度不断升高，直接导致了全球气候变暖，北极和南极的冰川大量融化，海平面上升，给人类的生存带来了严重的危机，马尔代夫等岛屿国家面临被淹没的危险。只有通过植物的光合作用，才能中和大气中过多的碳元素，将这些碳元素固定起来。因此，植物对于人类的重要意义不言而喻。植物造景也是园林景观的基础。

园林技术是园林营造的基本手段，包括工程技术和种植技术。工程技术包括掇山、理水，营造建筑物、园路、广场，布局电力电信、给水排水设施等。每一项工程技术都与园林的营造息息相关。古人说"匠人营国"，就是这个道理。掇山、理水一般都是对地形的改造，俗称"挖湖堆山"。理水，就是构造水体，营造水景。水景可以分为静态水景和动态水景。静态水景有湖、沼（方形水面）等，动态水景有喷泉和跌水等。

北京朝阳公园的动态水景（喷泉和跌水）

现代园林和欧洲传统园林常用动态水景，而静态水景则因能耗较低而被更广泛地应用。北京圆明园西洋楼景区采用了动态水景，建设了"大水法"。北京颐和园谐趣园中的玉琴峡也采用了动态的跌水，产生了类似琴声的"声景"。

园林营造中，挖湖和堆山是同时进行的，一般将挖湖挖掘出的土方直接堆成土山。北京颐和园万寿山东麓就是用疏浚昆明湖挖掘出的土方堆叠而形成的。苏州环秀山庄的假山，是堆山的典型代表，代表了苏州园林堆山的最高水平。

北京颐和园佛香阁

营造建筑，亦是园林营造的重要工程。园林中的建筑，功能繁多，可供游人休息、驻足、活动。中国传统园林中的建筑十分重要，讲究建筑"既能成景，又能得景"。园林建筑包括亭、廊、榭、舫、楼、阁、塔、桥、垣、花架、戏台、码头、大门等，还包括一些小品和室外家具。

现代园林一般为公共园林，因此，根据服务需要又增加了小卖部、餐厅、茶室、展览馆、温室等建筑。现代的园林景观建筑，丰富和发展了园林建筑。无论是中国传统园林，还是现代园林，园林建筑都十分丰富，在园林中占有重要位置，尤其是主要景观建筑，往往占据核心位置，并且成为视线的焦点。

园路和广场，在园林中起引导游览、集散人流的作用。广场是园路的放宽与扩大。城市建筑前的广场一般起集散人流的作用。园林中的广场则既集散人流，又为游人活动提供场所。古典园林作为现代公园使用时，往往存在广场面积不足的问题，如北海公园的广场面积就明显不足，以至于人们需要集中在五龙亭唱歌。现代公园中的广场为游人提供歌唱、舞蹈、做健身操等活动的场所，每天上午和傍晚集中了大量的人流。因此，园林广场的设计，不仅要考虑人流的集散，还要考虑人流的停留和活动。园路与城市道路存在明显的差异。园路将各个景区、景点组织起来，游人沿着园路行走，能够游遍整座园林。园路一般应当成环，不走回头路；应当人车分流，互不干扰，保证安全。园路的流线要优美动人，给人以美感。杭州太子湾公园的园路，曲线流畅、动人，在引导游人活动的同时，还能产生曲折的美感。在风景区中，园路的作用则是将主要的景点串连起来。

电力电信也是现代园林中不可或缺的营造工程技术要素。给水排水系统更是为了保证园林的正常运转、满足游人在园林中游赏时的基本需求而设置的。随着科学技术的进步，新技术、新材料的不断出现，加上人们的审美观念也在不断发展变化，要求在园林营造中，既要继承传统的营造技术，又要开拓现代的营造技术。

园林的艺术手法，是园林营造中统率技术的精神基础。园林从立意到总体布局，再到详细具体的设计，都需要由艺术手法加以统率，使技术为园林营造服务，为艺术创作服务。在这里艺术与技术在园林营造中得到了高度的统一与交融。从艺术到技术，再从技术到艺术，不断反复，最终使园林的创作不断深化与升华。艺术手法主要是由形式美的基本法则决定的。形式美的法则，诸如整齐一律、对称均衡、调和对比、比例尺度、节奏韵律、多样统一等，都在园林景观的营造中产生着重要的指导作用。

中国古典园林有四要素：山、水、建筑、植物。现代的掇山技术，比古人的假山技术提高了很多，北京奥林匹克森林公园的山体，完全由人工堆起，成为北京中轴线的新的地标，使城市中轴线得以延伸，与城市中心的景山遥相呼应，共同成为城市的节点和地标。现代的理水技术，也有颇多发展，不仅能营造静态水体，而且可以采用喷泉、人工跌水等技术手段，营造丰富的动态水景。现代的园林建筑更是紧随时代向前发展，景观建筑已经成为园林成景和得景的传统手段的新的应用，建筑的形式也随着时代，随着对外开放而不断丰富。在现代园林中，应当增加园路和广场，因为随着园林空间尺度的增大，园林内部的交通问题必须得到解决。园路（或景观路）和广场不仅引导游人的游览活动，还起到了疏散人流的作用。园路（或景观路）是引导景观的重要因素，和一般的交通道路不完全相同，需要认真地从引导景观的角度加以考虑。在现代园林中，植物造景越来越成为园林造景的核心。由于植物的引种、繁育，使新的园林植物品种不断出现，园林植物的种类空前丰富，为植物造景提供了良好的素材。

　　包含了山、水、建筑、园路的人工化植物群落，就构成了今天现代意义的园林。

北京某公园园路（耿丽萍提供）

　　植物景观的存在形式是植物群落。植物群落是指生活在一定区域内所有植物的集合，它是每个植物个体通过互惠、竞争等相互作用而形成的一个巧妙组合，这是其适应共同生存环境的结果。例如，一片森林、一个生有水草或藻类的水塘等，都形成各自的植物群落。每一相对稳定的植物群落，都有一定的种类和结构。在环境条件优越的地方，如热带雨林，植物群落的层次结构较复杂，种类也丰富；而在严酷、恶劣的环境条件下，如在沙漠、砾原，则只有少数植物能适应环境，群落结构也相对简单。群落的重要特征，如外貌、结构，取决于各个植物种的个体，也取决于每个种在群落中的数量、空间分布规律及生长发育能力。不同植物群落的种类组成差别很大，相似的地理环境可以形成外貌、结构相似的植物群落，但其种类组成因形成历史的不同而可能很不相同。植物群落是自然界植物存在的实体，也是植物种或种群在自然界存在的一种形式和发展的必然结果。地球表面或某一地区全部植物群落的总和，被称为植被。具有相似环境的地段一般会出现相似的植物群落。在整个地球表面的能量流动和物质循环中，植物群落是一个非常重要的环节，起着特殊的作用。但是，园林的植物群落是或多或少地打上了人类活动痕迹的植物群落，所以虽然不一定是人工的植物群落，但一定是人工化的植物群落。例如，以原始森林为欣赏对象的一座森林公园，森林并不是人工营造的，却也有人类活动留下的印迹，所以，这个植物群落不是"人工的"，而是"人工化的"。群落的"人工化"，从某种意义上说，就是园林植物的培育与应用。几千年来，园林植物的栽培范围十分广泛，培育出了许多新的植物品种，并且广泛应用于园林营造。

不同的专业对景观有不同的理解。对景观广义的理解一般包括以下几个方面：景观是指某一区域的综合特征，包括自然、经济、人文诸方面；景观是指一般自然综合体，是地理各要素相互联系、相互制约，有规律地结合而成的具有内部相一致性的整体，大如地图（景观圈），小如生物地理群落（单一地段），它们均可分为不同等级的区域或类型单位；景观是一个区域概念，是指个体的区域单位，相当于综合自然区划等级系统中最小一级的自然区，是相对一致发生和形态结构同一的区域；景观是一个类型概念，用于任何区域的分类，是指相互隔离的地段按其外部特征的相似性，归为同一类型的单位，如草原景观、森林景观等。这一概念认为区域单位不等同于景观，而是景观的有规律的组合。

从园林的角度看，景观是指某地区或某种类型的自然景色，也指人工创造的景色，如森林景观。景观泛指自然景色、景象。园林专业中的景观，又被认为是现代园林发展的一种新形式。园林是具有审美价值的，作为园林的一种发展形式的景观，也必然是追求美的。

云南丽江玉龙雪山云杉坪的植物群落

　　需要强调的是，今天的园林，生态意义十分重要。从景观生态学的角度看，城市中的斑块、廊道，都是由园林绿地（包括城市湿地）组成的，城市中生物物种的迁徙和生存，都依赖于这些城市园林绿地。城市，建筑高度密集，人口高度密集，往往会导致局部缺氧，城市园林绿地通过光合作用和对城市空气流动的引导作用，能够改善缺氧的状况，改善人们的生活条件。人们生活在"鸽子笼"式的城市建筑中，向往和渴望接触自然，城市园林绿地为人们提供了与自然零距离接触的条件，为人们休闲、娱乐提供了场所。城市园林绿地，往往是城市的公共空间和开敞空间，对整个城市形态的形成，起到了十分重要的作用。勒·柯布西耶规划设计的印度昌迪加尔，有大量的绿色廊道，为城市形态的形成奠定了基础。弗雷德里克·劳·奥姆斯特德设计的美国纽约中央公园，处于纽约的核心地带，为整个城市形态奠定了基础。俄罗斯莫斯科的环形加楔形绿地，使莫斯科成为一座森林环绕的城市。我国北京的绿化隔离地区，使十个边缘组团与中心城隔离开来，保证了城市生态环境，也形成了北京城"两轴两带多中心"的基本架构。

第二章

中国古代园林简介

中国园林历史久远，最早可以上溯到神话时代。传说中，昆仑山上有西王母的瑶池，那或许是最早的园林了。

有记载的中国园林，起源于氏族时代。《逸周书·史记》说有洛氏"宫室无常，池囿广大"。这说明氏族公社时代已经有了园林的萌芽状态。

商代，贵族王公已经有了游猎的场地——囿，而且，已经初现园林的雏形。

西周，周文王的灵囿就是中国有记载的最早的比较完整的园林。周文王的灵囿有划时代的意义。灵囿为人工营造而成，内分为灵台、灵沼、灵囿、辟雍四个区域。《孟子》说"文王之囿，方七十里"。其内放养珍禽异兽，以供观赏。灵沼是一处很大的水面，就自然低洼水塘人工开掘而成，掘出的土方用来堆建高台。此外，周时还有楚灵王的章华台和吴王夫差的姑苏台。

秦汉时期，我国的园林又有了较大的发展。秦始皇灭六国后建设的咸阳宫殿群，规模宏大，范围宽广，史所不及。又筑有阿房宫。还为了统一全国的交通，修筑了驰道。驰道相当于当时的快速路。驰道两侧种植了行道树，这是最早的道路绿化的记载。更在渭水之南建上林苑，方圆数百里，在其中修建离宫别馆，驭养禽兽，使上林苑成为我国历史上著名的大型皇家园林。

汉代武帝时，又在秦上林苑的基础上进一步扩充。这时的上林苑南依南山，北邻渭水，泉源丰富，林木葱郁，鸟兽翔集，是当时世上极为壮观的皇家园林。上林苑内筑有大量的离宫、苑、台观、池，栽植名果异卉3 000余种，昆明池和太液池是其中最有名的两大水体。建章宫是隶属上林苑的最重要的一个宫殿建筑群，建筑群的北部为太液池，池中有蓬莱、方丈、瀛洲三座岛屿，象征东海上三座仙山，以求神仙赐福，开"一池三山"之先河。太液池畔水生植物繁多，飞禽成群，一派风光优美的自然景象。此外，长安城的绿化也开城市绿化之先河。

洛阳在东汉和三国时期，也有宫苑和苑囿。

魏晋南北朝时期，战乱频仍，国家分裂，社会动荡不安，加之道教、佛教盛行，产生了魏晋玄学思想，士大夫避祸于山林之间，出现了玄言诗，使得山水和玄理在人们的主观意识中相通。"得意忘象""寄言出意"，使山水景物大量进入诗画，山水文学产生并取得长足的发展。魏晋南北朝是自然山水园林发展兴盛的时期，人们已经从原来的对自然山水的畏惧，转向对自然山水的审美。这时创作的优秀园林，已经具备了山水地貌。同时，还种植草木，又有园林建筑与山水草木结合，共同组合成自然山水园。中国传统园林的四个基本要素山、水、建筑、植物，都已经具备。王羲之的《兰亭集序》是上巳日修禊踏青时，文人墨客撰写的诗歌集的序言。这种踏青活动，在景观优美的胜区进行，文人坐于溪水两侧，流杯吟诗，最后造就了优美的文章和书法相得益彰的《兰亭集序》。南北朝时，五岳名山已经形成，皇家园林已经基本成形，私家园林也开始大量涌现。著名的私家园林如石崇的金谷园，是一处风光秀丽的山庄别墅，它巧妙地利用了地形，形成了山水园林。

王羲之《兰亭集序》

隋唐五代时期，是一个比较开放的时期，山水画从人物画的背景中独立出来，成为独立的画种。山水画一经独立，就开始有了较大的发展。张彦远在《历代名画记》中说："山水之变始于吴（吴道子），成于二李（李思训、李昭道父子）。"王维更是"诗中有画，画中有诗"。唐末五代时，写意画也产生了。隋代的西苑是一座集锦式园林，西苑中置十六院，为十六座岛屿上的建筑。苑内造山凿海，水深数丈，其中继承了汉代以来的一池三山的传统，置蓬莱、方丈、瀛洲三座仙岛。这种宫苑被称为隋山水建筑宫苑。唐代长安城实行里坊制，在整个城市的东南角，有一座"曲江池芙蓉苑"，这里是定期开放给市民活动的公共游豫园林，是公园的雏形。大明宫、兴庆宫内都有园林，并形成宫苑的特色。兴庆宫的沉香亭畔，种植各类名贵的牡丹花，登亭可以观花赏月。同时，自然园林式的别墅园林也得到了比较大的发展。王维的辋川别业最为典型。辋川别业是充分利用自然山水条件修建的一座园林，内有二十景，王维为每一景点都撰写了诗，结集成《辋川集》。王维的山水画，是写意山水画的重要里程碑。白居易也在庐山修建了庐山草堂。除了这类别墅园林外，城市中的私家园林也比较发达了，如东都洛阳白居易、李德裕的宅院，就是比较典型的私家园林。

北宋经济较为繁荣，文学艺术发达，绘画、书法、雕塑等在唐代的基础上有了很大的发展和很高的成就。宋徽宗赵佶在政治上十分昏庸，但在文学、书法、绘画上，却是引领一代的宗师。他的书法被称为"瘦金体"，他的《芙蓉锦鸡图》是绘画的名作。他听信了方士的搬弄，以

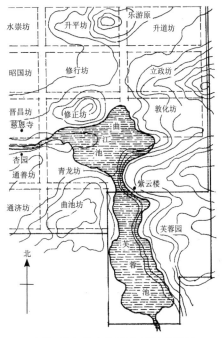

唐曲江池与城市关系图（摹自周维权《中国古典园林史》）

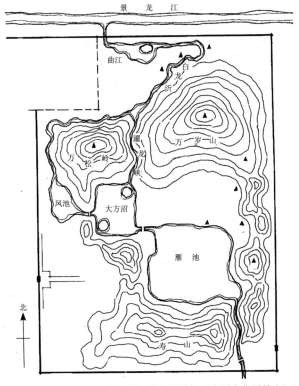

北宋寿山艮岳复原构想图（摹自周维权《中国古典园林史》）

为在汴梁城的"艮"位，修建土山，增高地势，可以多生儿子，于是在汴梁城的西北修建了著名的皇家园林艮岳。艮岳由万松岭、万岁山、寿山三座山峰组成，群山中有大方沼、凤池和雁池。北侧是景龙江，西南是宫城。园林建筑布局在山水之间，形成了多样变化的景区。宋徽宗从全国各地搜罗奇花异石，布置在山水之间。总之，艮岳是首次出现的纯以山水创造的自然之趣为主题的宫苑。艮岳的修建，不再是以宫室建筑为主体，而是以山水风景

为主体。艮岳中的建筑，已经是为了成景和得景而建造，其中的植物，也是为了造景而存在。最终，艮岳将山水、建筑、植物融为一体，形成了美的自然和美的胜境。艮岳在园林艺术上达到了极高的水平，是继西汉太液池之后又一个里程碑，在中国古代园林历史上占有极高的地位。艮岳在建造前，经过了详尽的规划设计，先制成图纸，然后依图施工。艮岳布局精巧，掇山秀美，理水巧妙，建筑繁多，植物景观良好，借景也巧妙，是一座借鉴了自然山水的清新淡雅的大型人工山水园。

南宋偏安于临安，临安也就是今天的杭州。杭州是典型的山水城市，城市在东侧，西湖和环绕的群山位于城市的西侧。在远古时代，杭州连同西湖是一个浅海湾，后来形成了潟湖。由于历代的多次人工疏浚，西湖才得以保留下来。西湖的自然风光与杭州的城市建筑交相辉映，形成了独特的山水城市风貌，在我国历史上独树一帜。西湖有苏堤春晓、曲院风荷、平湖秋月、断桥残雪等许多著名景点。"西湖十景"已经沿用了700多年。这些景点，为城市增色不少。江南一带，这时候已经有不少私家园林了，著名的如平江（今苏州）的沧浪亭、网师园等。

杭州西湖断桥夜色（张文啟摄）

辽南京和金中都都在今北京城的西南一带。北京今天的北海一带是当时的郊野风景胜区，湖中的岛屿称作"瑶屿"。瑶屿就是今天的琼华岛。金兵打败了宋兵，将艮岳的花石纲的供石运到中都瑶屿，因此，今天还能在北海的琼华岛上看到艮岳的遗石。金代还建有大宁宫、建春宫、玉泉山和香山等离宫。元大都在建设过程中又对园林进行了整理，对琼华岛万岁山上的建筑进行增建，以广寒殿为中心，形成了一组建筑群。

元代著名的私家园林有苏州的狮子林。狮子林以湖石假山而著称，洞壑幽深，路径盘旋，形成的复杂的道路组合，达十三种之多。

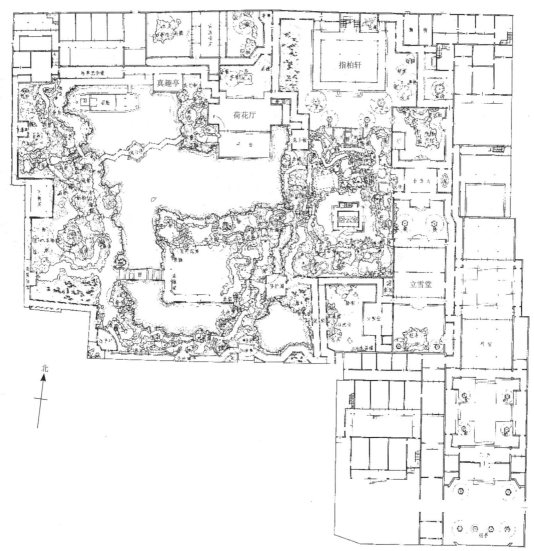

苏州狮子林平面图（摹自刘敦桢《苏州古典园林》）

苏州狮子林一隅

明清时期，经济高度发达，出现了资本主义的萌芽，城市得到了快速的发展，园林也随着城市的发展而得到空前的发展。明清园林，主要包括北京及附近的皇家园林，以及江南的私家园林。皇家园林的主要代表有北京的西苑，承德的避暑山庄，北京郊区的"三山五园"；江南私家园林的主要代表有苏州的网师园、留园、拙政园、退思园、艺圃、环秀山庄，上海的豫园，南京的瞻园，无锡的寄畅园，扬州的个园等。

西苑位于紫禁城和景山（万岁山）西侧。西苑的存在，在北京城的中轴线——紫禁城旁边，增添了一条景观副轴线，与紫禁城的高耸形成空间关系上的对比，在城市的核心地段，保留了大片的绿地和水域，成为北京城城市空间的基本构架。因为西苑的水域太液池水面狭长，所以建设时分段进行布置，以金鳌玉蝀桥和蜈蚣桥两桥为界来划分，水面分为南海、中海、北海三个部分，其中以北海的艺术水平最高。

北海以琼华岛为核心和制高点，岛上山峰耸立。雄伟的白塔立于山峰顶部，体量巨大，建筑与山势互借，十分突出，成为北京城的重要地标。琼华岛与旁边的景山相互呼应，其山体仿佛是景山山体的余脉，丝毫不显唐突。北海中有静心斋（原名静清斋）、画舫斋和濠濮间三处著名的园中园。中国较大规模的园林，往往采用这种"园中有园，景中有景"的园林艺术手法。

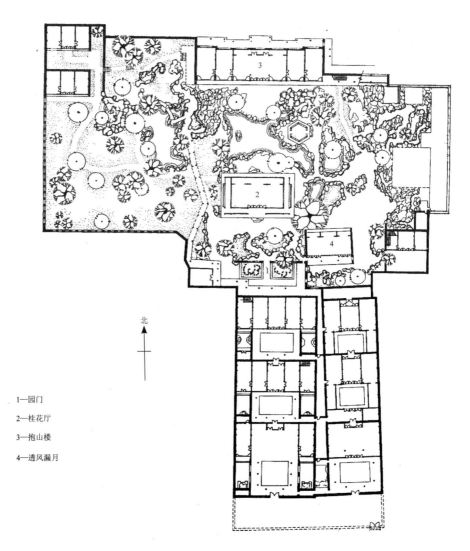

北

1—园门

2—桂花厅

3—抱山楼

4—透风漏月

扬州个园平面图（摹自陈从周《扬州园林》）

苏州艺圃水面

北京北海五龙亭

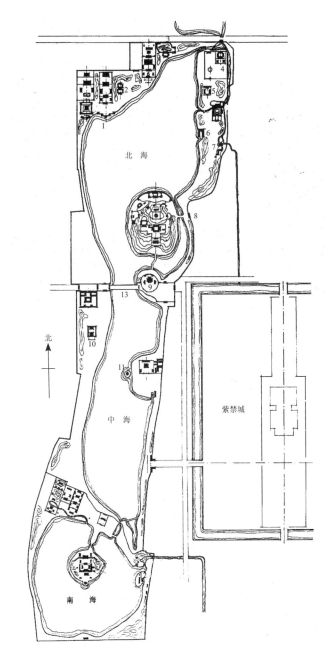

1—五龙亭

2—澄观堂

3—静心斋

4—先蚕堂

5—龙王庙

6—船坞

7—濠濮间

8—陟山门

9—团城

10—紫光阁

11—水云榭

12—清音阁

13—金鳌玉蛛桥

西苑总平面图（摹自周维权《中国古典园林史》）

北海团城上的古建筑和白皮松

　　"三山五园"是北京西郊一带皇家行宫园林的总称。目前公认的说法是香山、玉泉山、万寿山为"三山"；静宜园（香山）、静明园（玉泉山）、清漪园（万寿山），以及颐和园以东的畅春园和圆明园为"五园"。

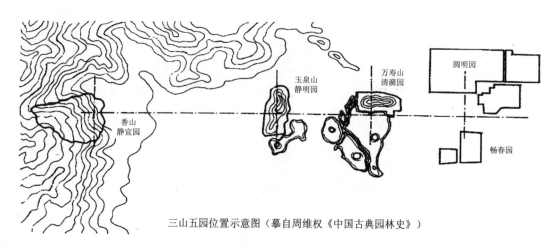

三山五园位置示意图（摹自周维权《中国古典园林史》）

圆明园被西方传教士称为"万园之园"，是一座集锦式的大型人工山水园林，始建于康熙四十八年（1709年）。园林选址于泉源奔涌的北京西郊，模仿江南水乡的风光修建，是"三山五园"中最大的一座园林，共有景区七十处左右，其中，著名的有圆明园四十景。圆明园将许多著名的江南景点，如曲院风荷、三潭印月、双峰插云、平湖秋月等收集入园。整个园林水面萦回，水面面积占全园面积的三分之二，分成大、中、小三级水面，由溪河将这三级水面连缀起来，形成完整的水系，曲水周绕，冈阜回抱。圆明园的布局不仅从山水地貌创作上入手，同时，还从建筑上着眼，通过建筑表现一个个主题，创作出丰富多彩的景点、景区和园中园。

"三山五园"中艺术成就最高的当属清漪园。清漪园是大型的人工山水园，建于西郊的瓮山泊。这里在明代以前是风景胜区。清漪园始建于清乾隆十五年（1750年）。由于瓮山泊的水面较小，不能满足北京城供水的需要，且景观亦不符合要求，修建时，对湖面进行了大量的挖掘开凿工作，并将掘出的泥土堆于万寿山东麓。乾隆为了给母亲祝寿，修建了全园的主体建筑佛香阁。佛香阁宏伟辉煌，统率全园。清漪园前湖湖面宽阔，仍然延续了汉代以来一池三山的基本格局。相对前湖而言，后湖则曲折幽深，并建有买卖街——苏州街。总体上，清漪园采取前宫后苑的布局形式，其艺术成就极其突出，空间关系十分合理，是自然式园林的代表作品。

承德避暑山庄是清代皇帝夏天避暑和处理政务的地方，始建于清康熙四十二年（1703年），历经康、雍、乾三朝，耗时约90年建成。避暑山庄以朴素淡雅的山村野趣为格调，取自然山水之本色，吸收江南塞北之风光，总面积约5.7平方千米，是中国现存占地面积最大的古代皇家园林，也是一座自然山水园。康熙和乾隆各兴建了三十六景，总计七十二景。全园分为宫殿区、湖洲区、平原区和山岭区。著名的景点有金山和烟雨楼等。整个园林远借磬锤峰，在借景上有很高成就。园林被著名的外八庙环绕，如众星捧月一般，表达了民族团结的思想。

江南私家园林一般面积不大，多位于城市中。清中叶之前，扬州以园林胜，扬州园林是江南园林的主要代表。后来，江南园林的重心逐渐转移到苏州。苏州有宋、元、明、清的著名园林各一座，即宋代的沧浪亭，元代的狮子林，明代的留园，清代的拙政园。此外，网师园、退思园、艺圃、环秀山庄等亦为苏州名园。

以苏州园林为代表的江南园林，具有小中见大的特点，即在狭小的空间内，表现循环往复以至无穷的园林景观效果，使小尺度空间能给人以较大空间的感受。苏州现存最小的园林残粒园，只有140

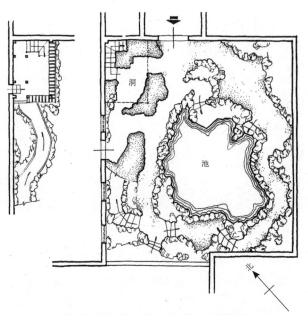

苏州残粒园平面图（摹自张家骥《中国造园论》）

多平方米，却也具备了山、水、建筑、植物、园路等园林营造的要素，是小中见大的一例。

苏州园林的另一个特点是园宅合一，即园林和住宅的功能相互交错，园即是宅，宅即是园，给园主人提供一种园居生活环境。园林在布局上，通过景区与空间的划分与互相渗透，在有限的空间内营造富于变化的景观，通过一条或者几条观赏路线，将园中的景物有机地组织在一起，用对比和衬托的手法，表现疏密、虚实、明暗、质感和形体，运用对景与借景等造景手段，有意识地组织景面、景线，注重空间的景深与层次，讲究曲折幽深。

此外，苏州园林在理水、掇山、建筑、植物配置上都有很高的成就。

岭南园林的艺术成就虽然不及江南园林突出，但也形成了地方特色，成为我国古代园林中的一份珍贵遗产。

中国进入近代社会以后，陆续在全国许多地方建立了对公众开放的公园，公园逐渐发展起来。但是，那时的公园建设是零散的不系统的，直到中华人民共和国成立以后，公园的建设才逐步步入正轨。改革开放以后，风景名胜区、森林公园、地质公园、自然保护区逐渐建立和发展起来。由于对外交往的扩大，国外的园林理论和园林成果不断为我们消化、吸收、利用，加之立足我国的实际情况，我国的园林也伴随着改革开放的步伐，不断发展。

第三章

西方古代园林简介

中国古代园林是东方古代园林的代表之一，西方古代园林是以欧洲古代园林为代表的。西方古代园林起源于古埃及、古巴比伦王国。

古埃及是世界上最古老的国家之一，早在4000多年前就进入了奴隶社会，成为欧洲文明的摇篮。古埃及的地理和气候条件不适宜树木生长，那里几乎没有什么森林，所以古埃及人十分渴望树木，树木在那里被十分珍惜。在底比斯一座坟墓壁画上所展现的花园中，中间是盘满藤蔓的葡萄架，周围有四座水池，水池的周围种植了树木，水池中有水禽游嬉，展现了欧洲园林的鼻祖——古埃及园林的生动场景。园林中还有凉亭。园林植物中，既有柏树，也有棕榈科的植物，还有纸莎草和睡莲。园林周围由围墙环绕，围墙的一侧开辟了大门。这就是最早的古埃及庭园的样子了。古埃及人在坟茔和庙宇的周围，也种植了树木。尽管在今天尚存的神庙周围，树木已经荡然无存，但仍然能看到树木生长的痕迹。

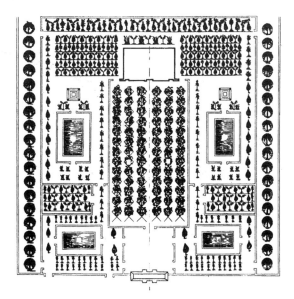

根据埃及古墓中的石刻绘制的埃及宅园平面图（引自郦芷若、朱建宁《西方园林》）

古巴比伦王国著名的"空中花园"，是世界七大奇迹之一。古巴比伦的空中花园，建设在宫殿的上方，被称为"悬园"。这个园林是古巴比伦王尼布甲尼撒为王妃阿米蒂斯建造的。这个园林已经被毁坏殆尽，它的规模与构造只能从古希腊、古罗马历史学家的记载中窥见一斑。普遍认为的是，园林由数层跌落的被很厚重的拱券支撑着的平台组成，呈方形，每边宽20余米。平台上种植了树木花草。今天的人们为"空中花园"做了若干复原图，从这些复原图上，可以想象当年"空中花园"的雄伟壮丽。园林下面的拱券之内有许多房间和洞室、浴室等，建筑和园林结合紧密，取得了很好的效果。古巴比伦还有猎苑、圣园等园林类型。

古希腊也是欧洲文明的摇篮，其园林有宫廷庭园、住宅柱廊庭园、圣林和竞技场等公共园林及哲学家的学园。古希腊园林已经奠定了欧洲规则式园林的基础，虽然形式上比较朴素、简单，但已经是后来欧洲园林的雏形了。雅典的帕提农神庙，列柱环绕，庄重美观，周围还有奉献给神的园林。

希腊雅典的帕提农神庙

古罗马继承了古希腊的传统，在文学和艺术上有明显的希腊化倾向，但又不同于古希腊。一些古希腊文学艺术中的人性光辉开始黯然失色。古罗马开始了真正的造园活动。起初，罗马城中的园林很少，园林几乎都建立在郊外乡间，别墅园成为古罗马贵族生活的重要组成部分。从保留下遗址的托斯卡纳庄园，可以感受到这种别墅庄园之美。托斯卡纳庄园周围群山环抱，有纵横两条垂直的轴线，气势恢弘。两条轴线相交于庄园的别墅建筑，并由这座建筑统率园林。两条轴线上的两组花园，平面十分规整，是严格的几何规则式花园。景观空间序列完整，有很好的视线对应关系。平面十分优美，采用规则式种植，并修剪成几何形体。前面建筑的广场亦采用严格的规则式种植。古罗马的宅园，从发掘清理出的被火山灰埋没的庞贝古城中的住宅柱廊庭园中可以看到。古罗马的柱廊式庭园与古希腊的柱廊式庭园很相似，但古罗马的庭园中有水池、水渠，周围列柱环绕。古罗马的哈德利安山庄别墅，是建立在蒂沃利山岗上的大型宫殿园林，占地约3平方千米，从118年到138年，历时20年建成。别墅的主人哈德利安皇帝是一位杰出的人物，他是建筑师、园林师、艺术鉴赏家和收藏家。据推测，哈德利安山庄别墅很可能是这位皇帝自己的作品。为了纪念古希腊，别墅中建立了希腊剧场、柏拉图学园和为了纪念亚历山大大帝而建的塞拉庇斯神庙。卡诺普斯是皇帝举办放荡不羁的宴会的场所。别墅中还有大小浴场及图书馆、竞技场、剧场、画廊、神庙等。整座山庄别墅气势宏伟，建筑和园林结合得很完美，室内外空间流动贯通，取得了很好的艺术效果。现在，那里还保存着柱廊环绕的水剧场的遗址和其他一些遗址。总之，古罗马人把园林视作建筑的延续，在规划上采用规则式的设计形式，对地形的处理也是将坡地切成规整的台层，采用整形的水体，几何形的花坛、绿篱等。

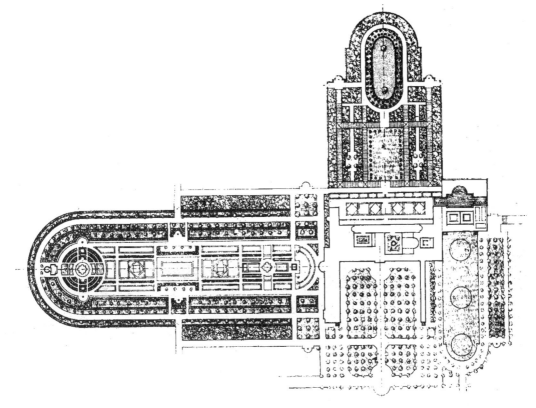

罗马托斯卡纳庄园总平面图（摹自张祖刚《世界园林发展概论》）

罗马帝国瓦解后，欧洲进入中世纪。中世纪欧洲的园林主要有修道院庭园和城堡园林。

与欧洲中世纪处于同一时期的波斯和西班牙的伊斯兰园林取得了比较巨大的成就。那时波斯的势力范围十分广大，横跨欧亚大陆。波斯伊斯兰园林的代表是印度的泰姬陵园林。

泰姬陵，全称为泰姬·玛哈陵，在今印度距新德里200多千米外的北方邦的阿格拉城内，是莫卧儿王朝第5代皇帝沙贾汗为了纪念他已故的皇后泰姬·玛哈而建立的陵墓。陵园分为两个庭院：前面的庭院古树参天，奇花异草芳香扑鼻，开阔而幽雅；后面的庭院占地面积很大，有一个十字形的宽阔水道交汇于方形的喷水池，喷水池中一排排的喷嘴，喷出的水柱交叉错落，十分壮观。整个园林和建筑结合得很完美，水池为建筑形成了动人的倒影。

印度泰姬陵（引自张祖刚《世界园林发展概论》）

西班牙在欧洲大陆大部分被基督教统治的情况下，被信奉伊斯兰教的摩尔人入侵。摩尔人大力移植包括波斯文化在内的西亚伊斯兰文化，在园林建筑上，创造了西班牙伊斯兰样式。其中，最具代表性的当属阿尔罕布拉宫园林。阿尔罕布拉宫园林从1248年开始建设，逐渐形成一个面积达130万平方米的巨大宫城。100多年后，园林中又建成了宫城的核心部分桃金娘宫和狮子宫庭院，并最终形成华美的阿尔罕布拉宫园林。桃金娘宫庭院建于1350年，中央有45米长的占庭院面积四分之一的大水池。池水紧贴地面，水面平静，周围的建筑和柱廊清晰地倒影其中，景观十分动人。两排修剪整齐的桃金娘绿篱，为建筑氛围浓厚的院落增添了自然气息。庭院虽然为建筑环绕，却令人觉得简洁而宁静，丝毫不感到封闭。狮子宫庭院是阿尔罕布拉宫的第二大庭院，四周是由124根大理石柱组成的回廊，石柱上的拱券轻盈华丽。狮子宫庭院被十字形的水渠四等分，中间的交叉点上有围绕着12只石狮子的圆形盛水盘及喷泉，狮子的口中向四周喷水。此外，柏木庭院、夏宫花园等亦是阿尔罕布拉宫的重要园林。

西班牙的阿尔罕布拉宫桃金娘宫庭院（引自张祖刚《世界园林发展概论》）

文艺复兴以后，欧洲一扫中世纪的沉重与阴霾。新兴的资产阶级，为了自身的利益和需要，以复兴古希腊、古罗马文化为名，逐渐形成了人文主义思想及其体系。人文主义思想以人为衡量一切的标准，重视人的价值、人的自由，反对中世纪禁欲主义的宗教观，打破了思想的束缚。文艺复兴以后，欧洲的古代园林得到了很大的发展，依次形成了以意大利台地园林、法国古典主义园林、英国自然风景式园林为代表的阶段性园林成果。意大利的佛罗伦萨是文艺复兴运动的发祥地。佛罗伦萨郊外土地肥沃，风景宜人，充满田野情趣，于是，富裕的市民纷纷前往修建别墅和庭园。16世纪，文艺复兴的中心从佛罗伦萨转到了罗马。在罗马，别墅也发展了起来，形成了以托斯卡纳、罗马附近及意大利北部为中心的三大别墅园林区域。园林的营建从文艺复兴初期的由建筑师规划设计营建，发展为由有园林专业知识的造园家营建，数学关系和透视法被广泛应用于建筑和园林的营造中。后期，园林和建筑发展到巴洛克风格，这种风格最终随着洛可可风格的形成和发展而逐渐衰落。意大利的庄园别墅有许多是建立在山地上的。造园者将山地平整成若干层的平台，在平台上修建园林和建筑，故这样的园林被称为意大利台地园林。早期的园林多是由建筑师规划设计的，因此，建筑是园林的统帅，建筑的轴线延伸到了园林中。花园通常被看作是府邸的室外延续部分。台地园林的总体布局充分反映了古典主义的美学原则——中轴对称，主次分明。早期的园林建设中，各层台地分别有自己的轴线，而没有统一的轴线，后来则常有贯穿全园的中轴线。埃斯特庄园作为意大利台地园林的典范，与兰特庄园、法尔奈斯庄园并称文艺复兴三大名园。

埃斯特庄园坐落在朝向西北的陡峭山坡上，全园面积4.5万平方米，园地近似方形。全园分为6个台层，最上层和最下层落差近50米。入口中央设有圆形喷泉。底层花园中还有著名的水风琴。第二层中心为椭圆形的龙泉池。第三层为著名的百泉谷，并依山就势建造了水剧场。庄园的最高层在府邸前，是一座约12米宽的天台，可俯瞰全园景观。埃斯特庄园用中轴线贯穿全园。庄园以丰富的水景和水声著称。这个庭园尽管是规则式的，景观序列严整，但它空间丰富，景观因地形的起伏而不能一眼望穿。从埃斯特庄园早期的彩绘效果图可以看到，埃斯特府邸高居台地顶端，庭院沿建筑的中轴线，依形就势地展开，台地层级分明，井然有序。埃斯特庄园充分利用台地的优势，规划了大小喷泉500个（千泉宫或百泉宫的名称由此而来）。

兰特庄园地处高爽干燥的丘陵地带，1547年由著名的建筑家、造园大师维尼奥拉设计，修筑于风景如画的巴涅亚小镇，历时近20年才完工，是一座巴洛克风格的意大利台地花园。建筑师维尼奥拉设计的兰特庄园，从主体建筑、水体、小品、道路系统到植物种植，都充满了文艺复兴时期建筑的那种典型的均衡、大度和巴洛克风格的夸张气息。它的园林布局呈中轴对称，均衡稳定，主次分明，各层次间变化生动，比例的掌控恰到好处，整体较和谐。兰特庄园的花园由四个层次分明的台地，即平台规整的刺绣花园、主体建筑、圆形喷泉广场及观景台组成。

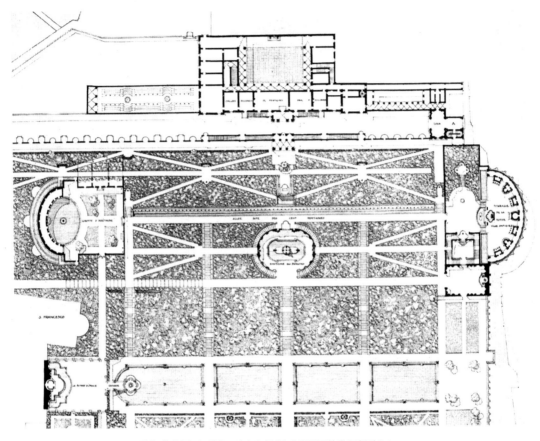

埃斯特庄园平面图（引自张祖刚《世界园林发展概论》）

　　法尔奈斯庄园大约建造于1547年，是红衣大主教亚历山德罗·法尔奈斯（保罗三世）委托建筑师吉阿柯莫·维尼奥拉为他的家族建造的一座庄园。维尼奥拉是米开朗基罗之后最著名的建筑师，法尔奈斯庄园是他的第一个大型作品。庄园府邸建于 1547—1558 年，建筑平面为五角形。府邸前面有两块呈V形布置的花坛。花坛与府邸之间有壕沟，壕沟上架有两座小桥。这部分花园主轴线的尽头还布置有洞府。

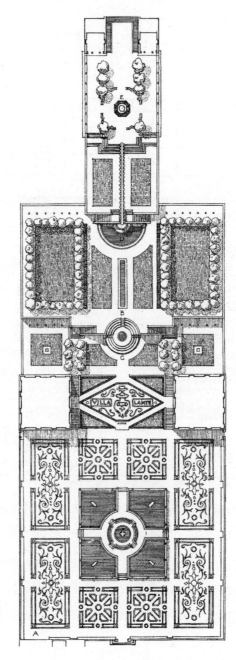

兰特庄园花园总平面图（摹自张祖刚《世界园林发展概论》）

从兰特庄园花园三层平台俯瞰一、二层平台（引自张祖刚《世界园林发展概论》）

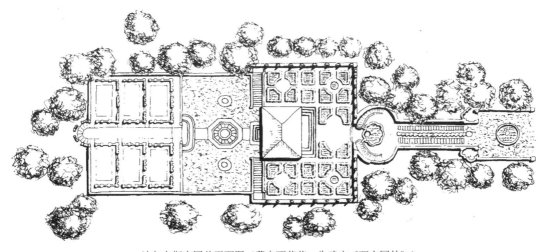

法尔奈斯庄园总平面图（摹自郦芷若、朱建宁《西方园林》）

17—18世纪的法国古典主义园林，又被称为勒·诺特尔式园林，是以造园家勒·诺特尔命名的园林形式。法国园林继承了意大利园林的传统，又结合自己平原营造园林的地理特征，加以发展和变革，形成了独特的园林风格。著名的凡尔赛宫园林达到了欧洲古典主义园林的巅峰，是世界园林宝库中的一件瑰宝。勒·诺特尔出身造园世家，青年时习画，后又改习园艺，还学习了建筑，研究过笛卡尔的数学、哲学和透视法则。勒·诺特尔的成名之作是沃-勒-维贡特府邸花园。它是路易十四财政大臣福凯的府邸，两条垂直的主轴线贯穿全园，主轴线南北长约1000米，采用三段式处理。规则的花坛、草坪沿着轴线展开，府邸居于轴线的中央，被水面环绕。府邸建筑高耸突出，与地毯般的园林形成鲜明的主从关系。法国国王路易十四参观了这座宏伟壮丽的府邸之后，下决心建设一座更加宏伟壮丽的园林。新的园林就是凡尔赛宫园林。凡尔赛宫园林占地巨大，规划面积达1600万平方米，仅花园就有100万平方米。东西向主轴线长达3000米，视线可达8000米以外。因为路易十四自诩为太阳神，所以该轴线完全以太阳神和君王的威严为景观的主题，景观包括宫殿建筑、宫殿前的由五座泉池组成的水花坛、歌颂太阳神阿波罗母亲的拉托娜喷泉水池、国王林荫道、绿毯林荫道、展现阿波罗巡天的阿波罗喷泉水池、十字形的大运河、皇家广场等。园林还将轴线和视线延伸到远方。除了中轴线的景观外，全园还有十四个小园林，如迷园、沼泽园、阿波罗浴场、水剧场等。因为园林实在是太宏伟了，以至于路易十三留下来的宫殿建筑难以满足举行盛大宴会的需要，又与园林部分不相称，所以最后不得不根据园林扩建了宫殿部分，形成了今天的情形，使宫殿建筑能够统率全园，宫殿建筑与园林珠联璧合，比例协调。

除了沃-勒-维贡特府邸花园和凡尔赛宫园林之外，勒·诺特尔式园林还有枫丹白露宫苑及丢勒里花园等。勒·诺特尔式园林产生之后，整个欧洲都深深地受到了影响，意大利、荷兰、德国、奥地利、西班牙、俄罗斯和英国都出现了这一式样的园林作品。

总之，欧洲古代园林从古埃及园林起始，到1640年英国资产阶级革命后的英国自然风景式园林为止，古典主义风格基本贯穿园林发展的始终。欧洲古代园林的最高峰是法国的古典主义园林代表作品——勒·诺特尔规划与设计的凡尔赛宫园林。

第四章

中国传统园林的造园手法

中国传统园林，在世界园林中独树一帜，是典型的自然风景式园林。

造园之前，首先是相地选址，也就是选定园林的基址。"相"为察看、分析和选择之意，也就是今天所说的勘察。建造者通过这样的活动，最终做出选择。在《园冶》一书中，计成将园林用地及外部环境归为六类，即山林地、城市地、村庄地、郊野地、傍宅地和江湖地，并且分别论述了这六类地在园林营造上的优势和劣势。园林作品既要融入周围环境，也要与周围环境有明确的分隔。特别是江南古典园林，大都建在城市之内，是"城市山林"，更需要与城市环境隔离开来。苏州古典园林，大都采用高墙将园林与周围环境隔离开来。即使是风景区中的园林，也要有所界定，以便于管理。例如，北京颐和园设置了围墙分隔园林与周围环境，西南两侧的围墙故意设置得退后很远，隐于堤柳之间，从前山前湖看过去，几乎感觉不到围墙的存在。不设围墙的园林也有。例如，浙江湖州市南浔镇的嘉业堂藏书楼花园，挖掘了一条护园河，以河道代替围墙，作为园林与周围环境的分隔，使花园与周围环境融为一体。再如，北京北海的濠濮间，用一组小山分隔空间，使濠濮间的建筑相对独立起来，不受湖边游人目光和声音的干扰。

北京颐和园西堤的处理，让人感觉不到围墙的存在

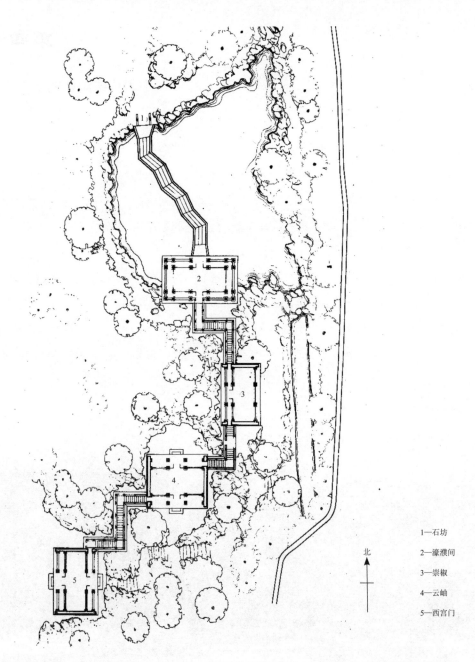

1—石坊
2—濠濮间
3—崇椒
4—云岫
5—西宫门

北

北京北海濠濮间平面图（摹自天津大学建筑系、北京市园林局《清代御园撷英》）

中国传统园林的营造，是艺术与技术的融合。

首先，园林营造追求"虽由人作，宛自天开"的艺术境界，就是要在模仿自然的基础上，加以艺术地提炼，把写实与写意相结合，最终达到仿佛是天然图卷的艺术效果。园林在艺术上要源于自然，高于自然。这就要求在模仿自然的过程中"外师造化，中得心源"：一方面，外师造化是基础和前提，只有深入观察、体验和领悟自然的本性和真谛，体验自然之美，才能获得创作的源泉；另一方面，只有通过主观世界的融会贯通与提炼升华，写意传神，才能创造出源于自然又高于自然的审美形象。高于自然，只能是艺术上的追求，因为从生态的角度看，生态之美是自然美的最高层次，因而人类在这方面不可能高于自然，只可能在艺术上进行高于自然的提炼。写意是中国绘画的一种表现方式，相对于工笔而言，它是用概括、简练、潇洒、奔放的笔墨，提炼概括事物的主要特征和精神内涵，并表现作者的内心世界、艺术个性和审美理想，追求形神兼备、意境深远的艺术效果。中国园林借用了绘画中的写意手法，将园林模仿自然由"形似"提升到形神兼备的境界，在咫尺山林之中，表现名川大山的境界，表现碧波万顷的风骨。"片山多致，寸石生情""一峰则太华千寻，一勺则江湖万里""咫尺之间有千里万里之势"，也就成了园林营造的追求。这就是中国园林中"小中见大"的由来。"片山多致，寸石生情"语出《园冶》，是说一小片石峰上产生的诗情画意的形象，也能让人悦目怡情。"一峰则太华千寻，一勺则江湖万里"，是说一小片石峰，也能表现千寻高的太华山的风采，小如餐勺的水面，也能展现江湖万里的气势。这些是园林营造中小中见大的极致表达。"咫尺之间有千里万里之势"，是说园林浓缩自然山水于咫尺之间，这咫尺之间也能表现千里万里江山的气势。一个典型的例子就是园林中的山水艺术，"丈山、尺树、寸马、分人"，即缩小了的符合比例的尺度，能起到小中见大的效果。有小中见大，也就还有大中见小，即在园林中采用园中有园，景中有景的做法，以划分空间和景区，使园林丰富起来，并且符合人游园的一般空间尺度。一个典型的例子是紫禁城。紫禁城中殿宇宏伟，但皇帝的卧室仍然是小尺度的空间。

其次，园林营造还要讲究因地制宜，顺应自然。园林营造时，应根据不同的基址条件做不同的布局安排，如在地势稍高处堆叠假山，在地势低洼处挖掘湖泊。还要根据环境条件灵活组景。例如，北京的圆明园，建在北京西郊的一片平地上，基地泉水奔涌，还可眺望西山，雍正皇帝以"因高就深，傍山依水，相度地宜，构结亭榭"概括了"因水成景，借景西山"的园林营造思想。又如，北京的颐和园，在原瓮山泊的基础上，挖湖堆山，形成了今天的山水空间布局结构。再如，承德的避暑山庄，也是利用自然水源，挖掘湖泊，形成了"灵芝状"的水系。

苏州拙政园，因水修筑了小飞虹廊桥，增加了园林的景深和层次

最后，园林营造讲究"有法无式，法无定式"，即园林创作可以有一些模式，却不应该模式化。园林要形成一定的艺术风格，就必然会产生某种模式，只有有了模式，才有风格。但模式不是模式化，一旦有了这个"化"字，也就失去了发展的空间。中国园林有创作的法则，却没有机械、呆板的构图模式化，即有法无式，法无定式。例如，江南古典园林有明显的模式和风格，但是每座园林因为用地的不同，又有各自的创作构思，所以呈现的空间迥然不同。

中国园林营造之前最为重要的工作是"立意"，讲究"意在笔先"。立意是园林设计总的意图。《山水论》说"凡画山水，意在笔先"，意思是下笔前要胸有全局，对主题、意境、构图等有确定的主意。造园如同绘画，也要胸中有全局，对主题、意境、空间关系等有确定的主意。扬州个园主人喜欢竹子，"无个不成竹"，以暗喻园主人有竹子的品格和清逸的气节。拙政园主人王献臣，用"拙政"二字表现自己归隐山林的心态。不仅整个园林在主题上有立意，景群和景点在贯彻总体立意的同时，也有各自的问名与品题。不仅中国的园林讲究立意，外国的园林有时也讲究立意。美国首都华盛顿的越战老兵纪念碑，形式十分简练——一条折线式的道路构成"被遗忘的角落"，表现了越南战争是美国历史上的一段"弯路"。

仅仅有了立意还不够，中国园林还讲究"诗情画意""情景交融"。"诗情画意"，出自宋周密《清平乐·横玉亭秋倚》词"诗情画意，只在栏杆外。雨露天低生爽气，一片吴山越水"。"诗情画意"意为如诗的感情、如画的意境，多指文学作品中所蕴涵的情趣，也指园林风景优美，耐人寻味，就像诗画里所描摹的能给人以美感的意境一样。"情景交融"指文艺作品中环境的描写、气氛的渲染与思想感情的抒发结合得很紧密。情景交融包括寓情于景和借景抒情。文学中的情景交融是意境创造的表现特征。园林创作中也常借用情景交融来再现园林的美感。园林的创作者把自己的情寓于景中，而园林的欣赏者看到这样的景之后，借景抒发自己的感情，获得审美体验，从而达到情景交融的境界。诗情画意、情景交融，是为了表达园林的意境。意境，指文艺作品或自然景象中所表现出来的情调和境界。中国园林既然是诗情画意、情景交融的物质载体，就必然包含了对于意境的追寻和探索。

"意贵乎远，不静不远也。境贵乎深，不曲不深也。一勺水亦有曲处，一片石亦有深处。绝俗故远，天游故静"包含了中国古代园林对于意境的追求。中国古代园林中又有"石令人古，水令人远"之说，它是意境理论的延伸，即园林中的景石要追求古形古色，而水则要取源远流长的意境。要想表达园林的某种意境，传达某种诗情画意，仅有画面和环境还不够，最好配有文字的描述。因此，中国园林十分注重点题，即好的园林配有好的名称，配有好的匾额楹联，配有好的诗句，以点明主题，传达审美感受，表达意境，使人在审美的过程中再现美的创造者的审美意图。《红楼梦》中，大观园工程告竣，贾政和贾宝玉赏景吟咏题对时，贾政说"若干景致，若干亭树，无字标题，任是花柳山水，也断不能生色"，说的就是园林中点题的重要性。点题在园林营造中包括两个过程：一是"问名"，就是设计者给园林景观起一个合适的名称；二是"品题"，就是园林的欣赏者通过名称或者楹联诗文再现意境。例如，苏州拙政园"与谁同坐轩"的品题，就再现了清风明月与我在一起的意境。

苏州拙政园的与谁同坐轩

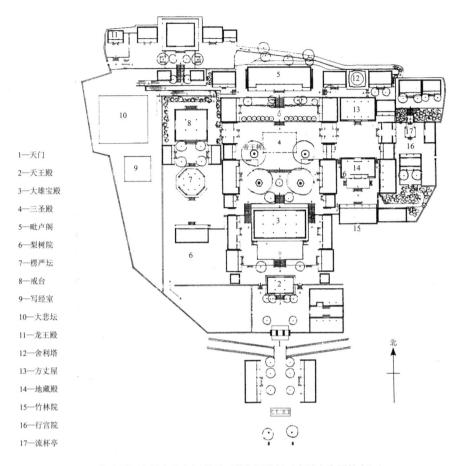

1—天门

2—天王殿

3—大雄宝殿

4—三圣殿

5—毗卢阁

6—梨树院

7—楞严坛

8—戒台

9—写经室

10—大悲坛

11—龙王殿

12—舍利塔

13—方丈屋

14—地藏殿

15—竹林院

16—行宫院

17—流杯亭

北

北京潭柘寺的完整空间序列（摹自周维权《中国古典园林史》）

景观序列是园林营造的重要手段。景观序列是指不同的景观元素在园林游览过程中的排列次序，这种次序往往与游览路线相关，更与园林所欲表现的境界相关。景观序列很像一台戏剧的结构层次。戏剧有序幕、转折、高潮、尾声，景观序列也应这样。景观序列的开始称为"起景"，一般以园林入口、大门或者风景区的牌坊等形式出现，有时也以摩崖石刻、碑刻、经幢、阙等形式出现。起景应强调标志性和吸引功能，并对景区或园林的内涵进行暗示和引导。中国园林的起景常常采取"欲扬先抑"的方式，如北京恭王府花园、苏州留园和苏州拙政园的中园，用的就是这种方式。有时也"开门见山"，如苏州沧浪亭。欲扬先抑是传统园林景观序列中对比手法的运用，指在起景时从单调、暗淡、封闭、压抑的景观，通过引导与过渡的手法，过渡到丰富、明朗、开阔、昂扬的景观的手法。过渡是相邻的两个或多个景观的交接方式，主要有突变式过渡和渐变式过渡两种。在复杂的园林景观序列中，这两种过渡方式通常交替使用，以调节游人的心理节奏，提高游赏的兴奋感受。穿插也是景观序列中常用的手法，它实际上是不同景观或空间过渡时的模糊处理手法。苏州留园的石林小院，是中国古典园林中空间穿插与渗透手法运用的代表作。它处处临虚，方方借景，令人生扑朔迷离之感。园林景观之间还存在转折的关系。做文章时"文似看山不喜平"，景观营造时也是如此，只有通过若干的转折，历经时空的变换最终达到"高潮"的景观，才更令人欣喜。高潮一词借用的是戏剧用语，园林高潮的出现一般是主景展现在人们面前之时，或者登上最高峰或最高建筑制高点之时。例如，登上泰山之巅或峨眉山、武当山金顶之时，即达到游赏活动的高潮。戏剧在高潮之后往往还有尾声，园林则一般以结景作为景观序列的结束。结景一般会引发游人回味，产生余音绕梁、余韵不绝的感受。例如，佛教寺庙建筑景观序列中的高潮大雄宝殿之后，往往会有藏经阁作为结景或尾声。总之，完整的景观序列包括起景—转折（若干次）—高潮—结景。例如，在山岳风景区登山的时候，进入山门或牌坊就开始起景；走若干路程，便会有景观的转折，有时候是摩崖石刻，有时候是休息的路亭，有时候是观景平台，有时候是餐饮茶室等，供人驻足停留，同时，形成景观的转折；经过许多次这样的转折之后，最后到达主要的景观或山巅，也就是到达景观的高潮；高潮之后，往往还有结景，也就是尾声。例如，颐和园从东宫门入园，经过仁寿殿、玉澜堂、长廊、云辉玉宇牌坊等多次转折，最终以佛香阁为高潮，而佛香阁后还有智慧海作为尾声。

园林在营造过程中，还十分强调景深和层次。景深又称深度，指观景者对景物距离的主观感受。引起景深的要素有透视距离、层次数量、景物疏密、掩映形态、视点位置、空气透视度。其中，透视距离是景深的前提因素，没有距离就没有景深。但是，仅有距离是不够的，距离仅仅是单纯的物理深度，而要产生心理的深度，还要加上前述的另外五个要素。一个典型的例子是，操场从南到北有100多米的距离，但并不觉得景深很深，而苏州园林中有时仅仅几十米的距离，就给人景深很深的感受，原因就是那后五个要素对观者的心理产生了影响。中国园林的营造讲究"曲折幽深"，因为曲折可以造成多层次景物的掩映关系，所谓的"曲径通幽处，禅房花木深"，就是这样的手法产生的深度。游览路线的曲折起伏、空间的分隔渗透、景物的重叠隐现、视线的抑扬收放，增加了景深，放大与延伸了空间深度的感受，产生了小中见大的效果。摄影往往强调近、中、远景的协同作用，这也往往被园林营造所应用。因为增加层次，能够增加景深。一个典型的例子是苏州拙政园的小飞虹，作为中景，它增加了园林的层次，从而增加了景深。苏州留园从鹤所到石林小院的一组建筑，利用隔、障、分、漏、穿插、渗透等手法，采用曲折、起伏、抑扬、顿挫等布局方式，获得了"循环往复，以至无穷"的艺术效果，使得庭院虽小，内涵却十分丰富。它是获得丰富景深的成功案例。北京颐和园的后湖，通过曲折的变幻，取得了"山重水复疑无路，柳暗花明又一村"的效果。在颐和园的苏州街复建之前，在后湖划船，空间感受极为丰富。在山景中，层次和景深的运用，更为突出。中国古代画论对山景的景深与层次有精辟的论述："山有三远：自山下而仰山巅，谓之高远；自山前而窥山后，谓之深远；自近山而望远山，谓之平远。"这一理论被园林营造所借用，如颐和园，自排云门望佛香阁，为高远；自佛香阁、智慧海窥后湖，为深远；自佛香阁、画中游望玉泉山、西山，为平远。

苏州拙政园的小飞虹作为中景，增加了园林的层次

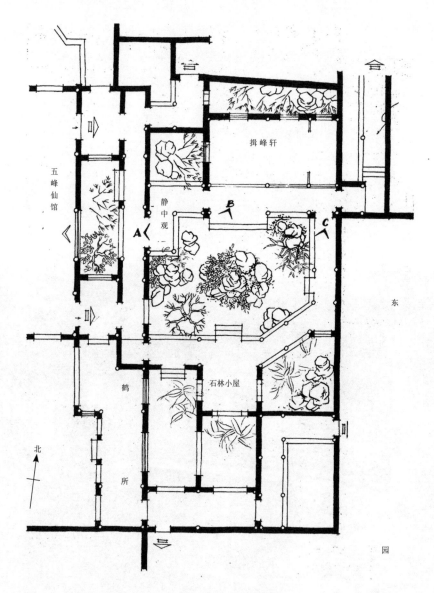

五峰仙馆

揖峰轩

静中观

东

石林小屋

北

鹤

所

园

苏州留园的石林小院，空间十分丰富（摹自张家骥《中国造园论》）

此外，园林营造还讲究"因景设路，因路得景""山因水活，水随山转""花间隐榭，水际安亭""处处邻虚，方方侧景"等造园理法。

第五章

造景和组景的艺术

园林是造景和组景的艺术。大部分的园林营造都是围绕着造景展开的，目的是为游赏者提供美景。即使是自然风景名胜区、森林公园、地质公园、自然保护区这类已经由自然的造化，把景用自然之手营造出来的园林环境，也仍然需要围绕景的欣赏进行规划设计，通过人工的力量，把业已存在的美景组织起来。

园林的造景和组景，既需要宏观的规划，也需要微观的实施。

在宏观规划层面，需要从以下四个方面入手。

首先，要将景分出主次，做到主景突出，次要的景观起宾辅的作用。在园林景观的造景和组景中，要分别主景与配景；在大型园林中，要分别主要景区和次要景区；在一个景群中，要分别主要景点和次要景点；在若干景群中，要分别主要景群和次要景群。突出主景的手法很多，可以抬升主景，使主景体量突出，形态奇特，即在高度上，使主景占据统帅地位；在体量上，使主景占据绝对优势；在形态上，使主景形态奇特。例如：北京颐和园的佛香阁，位于万寿山较高的平台上，建筑本身又十分高耸，从远处望去，一眼就能看到，它成了全园的制高点和构图中心，十分突出，而佛香阁东西两侧轴线上的建筑群，由于高度较佛香阁低，体量较佛香阁小，自然而然地成了佛香阁的配景；北京北海的白塔，位于北海公园琼华岛的制高点上，加之体量巨大，成了整个北海的制高点和构图中心，统率全园，而其他景区和景点，相对于白塔而言，都是白塔的配景；杭州西湖的雷峰塔，在整个西湖的湖山中体量较大，高度较高，占据了西湖西部建筑的统治地位；苏州留园的明瑟楼是一座舫形建筑，在全园中高度较高，体量较大，成了湖面构图的中心；安徽黄山上的著名景点"飞来石"，处在附近群山中较高的位置，从远处一眼就能眺望到，加上其巨大的体量和奇特的造型，自然而然地成了吸引人的视觉中心；广东南海市西樵山上的"南海观音"大佛，位于山峰的顶端，佛本身又有几十米高，大佛凭借山势和自身的高度，占据了景观上的统帅地位；北京景山的万春亭，是景山最高处的一座亭子，是老北京城的制高点，亭子体量巨大，采用三重飞檐，视觉效果突出，成为主景。

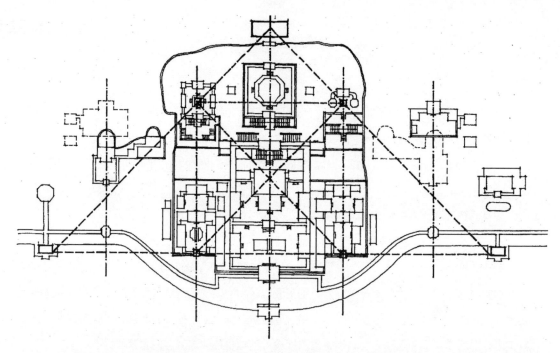

北京颐和园的主景佛香阁和其他配景建筑的关系（摹自清华大学建筑学院《颐和园》）

杭州西湖的雷峰塔新塔，体量巨大，十分突出

其次，要运用好视线焦点的成景作用，突出主景。景观的焦点在西方园林中叫作"视心"。例

如：凡尔赛宫园林中位于主轴线和次要轴线（同时也是道路）交点处的阿波罗喷泉水池，位置十分突出，加上表现阿波罗神驾着巡天的马车从水面升起的雕塑，一起成为全园十分重要的主景；凡尔赛宫园林的拉托娜喷泉水池，也位于主轴线和次要轴线（同时也是道路）的交点处，拉托娜女神的雕塑高高地立在喷泉水池的中心，成为重要的主景；南京的中山陵，陵园位于视线的焦点处，自然而然地成为主景；北京天安门广场的人民英雄纪念碑位于广场的中央，从东、北、西三个方向看，都位于视觉的中心，必然成为主景；北京故宫的三大殿，位于故宫中轴线视觉的焦点，建在雄伟的凸字形须弥座上，体量巨大又形制独特，自然成为主景。

再次，要通过空间序列的组织突出主景。例如，我国的泰山风景名胜区，登山时先后通过一天门、中天门和南天门的景观序列组织，最终抵达岱庙，能产生十分强烈的心理感受，使人在登山的过程中逐渐对岱庙的至高无上十分认同。又如，杭州西湖灵隐寺，从冷泉亭的起景开始，通过一系列的景观转折，最终到达寺庙，虽然基本是平地建寺，但仍然能产生强烈的主景感受。

最后，要运用构图中心突出主景。例如，杭州西湖的保俶塔位于构图中心，所以很自然地成为主景。又如，苏州拙政园的远香堂位于中园的核心位置，加之体量较大，很自然地成为园林的主景。苏州网师园的月到风来亭，体量较大，傍水而立，十分突出，自然成为全园的主景。主景区和配景区的例子也很多。例如，著名的苏州留园，以明瑟楼和涵碧山房前的水面景区作为主景区，主景区的面积明显比其他景区大，透景线也明显比其他景区的透景线长，又位于全园的核心部位，其他景区面积较小，位置不在核心部位，起宾辅作用。

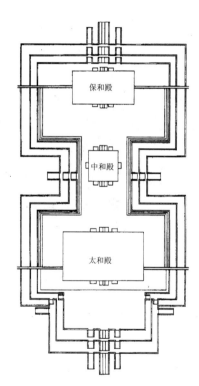

北京故宫须弥座平台上的三大殿（摹自白丽娟、王景福《清代官式建筑构造》）

总之，园林营造中经常综合运用上述造景和组景的策略，使主景和配景获得理想的景观关系。

杭州西湖保俶塔　　　　　　　　　苏州网师园月到风来亭

在园林的造景和组景过程中，需要运用多种手法。

分景是园林造景和组景的重要手法。一座园林的空间是有限的，通过分景可以使含蓄与多变曲折的园林空间产生出来。分景实际上就是将景区或园林划分为较小的部分，使空间产生层次与变化。分景既有采用墙、山体等将空间完全分隔开来的手法，又有似分不分的手法。例如，著名的承德避暑山庄，就采用分景的手法，将园林划分为宫殿区、湖泊区、平原区和山峦区。其中的湖泊区又通过构筑堤岛将湖面划分成若干空间，形成著名的"芝径云堤"景观。又如，杭州西湖将湖面分为西湖、北里湖、西里湖、南湖。再如，北海濠濮间采用人工低山与湖区分隔，形成了强烈的动静对比，濠濮间一带空间十分幽静，是游人驻足休息的理想场所。还如，著名的黄山风景区，通过游路组织、空间处理，将全山分成前海、北海、西海等若干景区，使游人在不同的景区中获得不同的游览重点。苏州园林的分景手法运用得十分成熟，取得了很好的艺术效果。苏州园林中，有时用白粉墙将两组景观完全分隔，有时又采用墙上开漏窗的方式半分半合，还有时用植物或者空廊，使空间以合为主，轻微分隔。这样所形成的景观空间之玄妙，很难用语言述说清楚，必须在实地切身感受。总之，分景产生了穿插、过渡、掩映、虚实、层次、景深等园林空间的艺术现象。分景的一种特例是障景。中国园林讲究"嘉则收之，俗则屏之"，美好的景观尽量要收入游人的眼帘，难看的东西则要想尽一切办法遮挡住，让游人无法看见。例如，北京大学未名湖的水塔，为了景观的效果，改造成一座中国传统的宝塔，用障景法将不良景物遮挡。又如，中国园林讲究含蓄，所以多采用"欲扬先抑"的造园手法，入口处往往采用障景手法，以避免"一览无余"。苏州拙政园，从腰门进入后，首先映入眼帘的是一座大假山，假山将游人的视线完全遮住。绕过假山，才能渐渐进入佳境。北京恭王府，花园的入口亦采用同样的处理方法。从北京颐和园东宫门入园后，可以看到在仁寿殿的入口处，设置了一块形似寿星的巨石，以遮挡住仁寿殿，使仁寿殿能够藏风聚气。建筑中也存在障景手法的运用。传统的北京四合院，入口处往往正对一面雕刻精美的影壁，空间转折后，才可抵达垂花门。

北京大学未名湖畔的水塔

　　引景手法在园林中也很常用。引景主要是指通过直接或间接的引导和暗示使人进入景区。最突出的一个实例是苏州留园的入口空间。这一入口空间曲曲折折，有强烈的对比变化，一是空间平面形态上有大小、宽窄、长短的对比变化，二是空间高度上有高矮的对比变化，三是空间的明暗上存在交替性变化。这些变化引导人自然前行，步移景异，最终到达主体水面。在登山的时候，对景观的引导尤为重要，中国的传统风景名胜区，每隔一定的距离，或是设置路亭等建筑或小品，或是安排摩崖石刻等文字作引导，或是布置观景平台等赏景空间，使游人在游赏的过程中不感觉疲倦，打破山路的单调乏味之感，最终将游人引导至山巅。还有一种特殊的引景，如颐和园万寿山佛香阁和湖北武当山，为了突出佛香阁建筑和武当山金顶的高耸，使游客产生崇高的心理感受，设计时故意将每级台阶的高度提高，并将一组台阶的数量增加，甚至将一组台阶的数量增至九十九级而不设休息平台，这样处理后，突出了宗教建筑的崇高与伟大。

福州鼓山摩崖石刻引人入胜

对景是指通过视觉通廊将两组景物在视线上确立对应关系的造景和组景手法。例如，北京景山的万春亭在城市景观中十分重要，它与南侧的紫禁城形成强烈的对景效果，又与北侧的钟鼓楼遥相呼应，还与西侧的北海琼华岛白塔形成强烈的对景关系，是城市与园林对景的典范。万春亭因自身的高度，成了北京中轴线的制高点，通过对景，完成了北京城市中轴线的确立。又如，颐和园的佛香阁建筑群与龙王岛形成对景关系，这两组建筑的轴线不完全重合，但是又与重合的艺术效果相差无几，这种轴线的处理手法被称为"拟轴线"。苏州留园的五峰仙馆，建筑正对一座由五座山峰组成的假山，成为建筑的主要景观。对景也有处理不当的例子，如有一个时期，从北京颐和园山巅向北望去，轴线上立着一个巨大的麦当劳M招牌，大煞风景，直接损坏了颐和园轴线的完整性。如今，招牌已被拆除。在对景中，园林建筑的作用十分重要。园林建筑要既能成景，又能得景，即从别处看园林建筑，园林建筑本身就是一处美景，而从园林建筑向别处看，又能获得良好的风景。例如，从拙政园远香堂望雪香云蔚亭和从雪香云蔚亭回望远香堂，两个建筑互为对景，既能成景，又能得景。拙政园虽然是自然式园林的典范，但其精华部分——中园，存在明显的建筑几何对位关系。建筑形成"米"字形的几何对位线，但因为各建筑物的大小、形制、高低存在不同，所以基本上仍然给人以自然式园林的感受。拙政园的"与谁同坐轩"，与卅六鸳鸯馆、浮翠阁、倒影楼互为对景，从"与谁同坐轩"中，看这三座建筑，角度都很得当，形成了良好的对景关系。

借景更是中国园林造景和组景艺术的重要手法。借景就是将园外的景观"借"入园林中来，使园内游人能够看到园外之景，增大空间感。例如，北京颐和园邻借西侧玉泉山上的玉峰塔，将玉峰塔的塔影借入园中，形成了湖山真意、画中游等景观。颐和园曾经远借园外万亩平畴的水田景色，扩大了园林的空间感受。但随着城市的发展，水田逐渐消失，高楼逐渐耸立，颐和园万寿山和佛香阁向东眺望，已经高楼压园，曾经的借景已经消失，这对颐和园的整体环境保护产生了不利的影响。苏州拙政园邻借著名的北寺塔，将北寺塔的塔影借入园中，仿佛北寺塔就是园中的一处景点。承德避暑山庄与远处的磬锤峰形成借景关系，加上特殊的天气、时间条件，形成了著名的"锤峰落照"景观。借景与前述对景的区别主要在于，对景多用于园内，借景多用于园外。借景分为九类：一是近借，即在园内欣赏园外近处的景物；二是远借，即在园中借远处的景物；三是邻借，即在园内欣赏园外相邻的景物；四是互借，即两座园林或两个景点之间彼此借资对方；五是仰借，指在园中仰视园外高耸的景物；六是俯借，指在园中的较高位置俯瞰园外的景物；七是借时，指借特定时间的景物，一般是借天文景观、气象景观、植物季相变化景观和即时的动态景观，如日出、日落、朝晖、晚霞、春花、秋叶等；八是借天，也就是对天气变化的借用，如圆月、弯月、蓝天、星斗、云雾、彩虹、雨景、雪景等；九是借声，就是借用声音成声景。

北京中轴线上的重要对景——钟楼

在杭州雷峰塔上俯瞰西湖全景，是典型的俯借。在北京北海静心斋爬山廊俯瞰什刹海的风光，也是典型的俯借。待在宫闱之中的帝后，想看宫外的平民生活状况，可以站在静心斋的爬山廊处，夏季俯瞰什刹海的荷花市场，冬季俯瞰什刹海的冰上活动。北京"观湖国际"居住区，西北是朝阳公园的巨大绿地，因此，观湖国际的"楼王"户型客厅朝向西北，两层挑高，可以俯瞰朝阳公园，使公园看起来仿佛是居住区内部的绿地，变不好的朝向为有利的朝向，这是借景手法的现代运用。在北海仰望景山，是典型的仰借。北京紫竹院公园和国家图书馆建筑群，一高一低，一实一虚，互为借景。从紫竹院公园仰望国家图书馆，景色动人；从国家图书馆俯瞰紫竹院公园，绿意盎然。这些都是俯借、仰借的例子。杭州西湖的断桥残雪，借冬雪成景，是典型的借时、借天。北京颐和园谐趣园内的玉琴峡，借用山泉水叮咚的声音效果，形成了一组独特的声音景观。它模仿了无锡寄畅园的八音涧。苏州拙政园的留听阁，借残荷被雨打的声音，形成了"留得残荷听雨声"的声景。这都是借声。

颐和园的佛香阁与远处的玉峰塔

　　框景也是重要的园林造景手法，是通过建筑等形成画框将风景框起来欣赏。苏州园林建筑的窗和槅扇门就像建筑的眼睛，当人们坐在建筑内向外透过门和窗观看的时候，自然形成了取景框和框景。尤其是苏州园林的花窗、漏窗和空窗，总在窗外安排有对景，或是竹子芭蕉，或是玲珑的湖石，或是粉墙黛瓦，通过花窗、漏窗、空窗这些取景框，可以形成完美的画面。框景在北京颐和园中应用也很广泛，画中游的建筑形成了天然的取景框，将远处玉峰塔框在取景框内，形成了动人的画面。湖山真意建筑亦构成玉峰塔的取景框，也使玉峰塔成了湖山真意的框景。过颐和园玉澜堂前院至西配房，即可透过槅扇窥见建筑形成的取景框中的昆明湖及玉泉山塔影。贝聿铭设计的苏州博物馆建筑和园林，亦采用了框景的手法，许多窗和门都将其后的美景框起来，使这座现代建筑通过传统苏州建筑文化符号的提炼和园林艺术手法的采用，景致动人。北京西单的中国银行总部，一层大厅内设置了一个圆形的景门，将后面的竹子框在景门之内，竹子的曲线和景门的曲线相互呼应，画面优美动人。

颐和园画中游框景

此外，园林的造景和组景，还有夹景、漏景、透景等手法。夹景手法的运用，如美国华盛顿纪念碑，通过两侧的高大树木为纪念碑形成夹景，将人们的视线引向纪念碑。漏景手法的运用，如苏州园林中的漏窗，将墙外的景色透漏到墙内，形成了良好的景观。透景是指开辟良好的透景线，使景物不被遮挡。透景手法的运用，如北京什刹海的银锭观山。银锭观山是燕京八景之外的一景，站在银锭桥上，可以远眺西山的风景。北京在城市建设中，应当保留这条珍贵的透景线，形成城市的透景。但是，现在这条透景线保存得不是很好，已经影响到了风景的效果。

什刹海"银锭观山"

　　总之，园林的造景和组景是园林学的核心内容，也是风景组织的核心内容。传统的园林为现代的风景组织提供了基本的理论和方法。无论怎样发展，这些造景和组景的理论和方法，都是宝贵的财富。

黄山飞来石主景突出

第六章

园林形式美法则

在园林艺术中，形式美的法则至关重要。一般来说，美的形式可以分为两种：一种是内在形式，指创作者所想表现的真善的内容；另一种是外在形式，与内容不直接联系，是内在形式的感性外观形态，也就是形式美。形式美是指构成事物的物质材料的自然属性及其组合规律所呈现的审美特性。形式美的构成因素一般划分为两大部分：构成形式美的感性质料和感性质料之间的组合规律。这种规律也称为形式美法则或形式美的构成规律。

构成形式美的感性质料主要有形、质、色、纹、韵。形式美的法则主要有对比与协调、主从与重点、对称与均衡、比例与尺度、节奏与韵律等。

在园林中，形式美的构成规律是普遍存在的，它是园林美感的重要构成条件。人们在园林中游憩的时候，自然而然地对园林进行审美活动。在这一审美活动中，人们把所感受到的在造园过程中注入到形、质、色、纹、韵中的形式美的构成，物化为审美冲动，引起美感。一座园林给人以美感，在人们心理和情绪上产生审美体验，存在某种规律，园林形式美法则就表述了这种规律。

对比与协调是一切形式美规律的基础，因为其他一切形式美规律，从根本上说，都是通过比较而存在的，也就是通过对比和协调的关系而存在的。对比是指将存在较明显差异的事物置于一起进行比较的活动。在园林中，形体的对比、质感的对比、色彩的对比、纹理的对比、韵律的对比是普遍存在的形式美现象。形体的对比十分重要，是形成园林空间变化的基本因素。例如，苏州网师园住宅部分相对狭小的空间与园林部分舒展空间的对比，就形成了网师园的空间形态。又如，北京颐和园前湖辽阔宽广，后湖狭长幽深，就形成了对比强烈的两种极为不同的空间感受。前湖空间让人胸怀舒展，后湖空间使人发思古之幽情。苏州沧浪亭内部空间相对比较狭小，复廊以外的水面空间相对比较开阔，形成了园内园外不同空间的对比。质感的对比也很重要。园林建筑的材料质感对比，会产生美感。例如，赖特设计的著名的落水别墅，把粗糙的墙面和细腻的墙面组织在一起，产生强烈的美感。又如，不同的园林植物，有不同的质感，有的叶子小而细密，有的叶子大而光洁，形成了园林植物的对比，从而产生美感。色彩的对比更是比比皆是。红梅傲雪，红色和白色亦有十分强烈的对比。"粉墙黛瓦"的白色和黑色，形成了江南园林建筑的基本色彩对比关系。绿色植物和建筑的不同色彩、不同质感的对比，成为构成园林美景的基本对比关系。纹理的对比在太湖石的形态中十分重要。太湖石欣赏的基本要求是"瘦、皱、透、漏"，其中的"皱"就是指纹理的对比。在韵律方面，对比的关系更是产生良好韵律感的基础。对比是普遍存在的，协调是在对比基础上的协调。协调有两种情形：一种是近似或相同产生协调，一种是对比产生协调。和谐是特殊的对比关系。对比与和谐又是相比较而存在的一对对立统一关系，互相依存。协调很重要，如果只有对比而没有协调，园林的美感也就不复存在了。例如，协调纯净的蓝天很美，对比的蓝天白云也很美。承德避暑山庄金山建筑群的园林建筑，在对比之中，又存在建筑符号的一致性，从而形成协调，产生美感。北京卢沟桥的石狮子，每个都不相同，但是总体上又比较一致，形成了卢沟桥强烈的协调的韵律感，即大协调，小对比。苏州园林植物的对比与协调关系也广泛存在。"以墙为纸，以竹石为绘"，是指白粉墙和植物形成了对比关系。同时，植物之间又形成协调关系，共同组成画面。拙政园荷风四面亭与周围的荷花及水面之间，也是既对比又协调的关系。几乎所有的植物都协调统一于绿色之中，形成了园林的重要基本色调，给人以良好的视觉感受。城市的绿视率，是城市建筑、道路与绿化之间的对比关系的重要表现，绿视率越高，人们的视觉心理感受越舒适。因此，城市要想办法增加绿地面积，采取拆墙透绿等方法，以提高绿视率。

苏州拙政园的荷风四面亭（引自陈健行《苏州园林》）

主从与重点是通过比较产生出来的。

在若干事物之中，每一事物所占的比重和所处的地位存在差异，如果所有事物都处于同一地位的话，则整体虽然协调但缺乏对比与变化。如果所有要素都突出自身，则总体上缺乏整体性和统一性。在园林中，主从关系十分重要。各种园林要素都有可能成为主体事物，也都有可能成为从属事物，究竟如何安排主从关系，要从具体条件和情况出发。例如，美国唐纳公园中，大树和游泳池是主要事物，其他元素处于从属地位。又如，我国青海坎布拉地质公园，丹霞地貌是欣赏的主要对象，水面、植物、建筑等都处于从属地位。再如，我国著名的四川黄龙风景区，钙华和其形成的彩池是欣赏的主要对象，其他建筑、植物等处于欣赏的从属地位。还如，北京植物园中各种植物是欣赏的主要对象，尤其是樱桃沟景区中，成片的水杉林是欣赏的主要对象，其他风景元素处于欣赏的从属地位。在苏州虎丘公园，虎丘塔是欣赏的主要对象，其他元素则处于欣赏的从属地位。著名的四川亚丁村，蓝色的屋顶和金黄色的青稞田野，形成了特有的风景，是欣赏的主要对象。四川的红原草原，以大草原为主要欣赏对象。四川的花湖风景区，以湖水为主要欣赏对象。法国的凡尔赛宫园林，以园林为主要欣赏对象，兼顾建筑的室内欣赏。从形式美的角度分析，园林建筑群中的不同建筑，有的处于主体地位，有的处于从属地位。北京颐和园的佛香阁建筑群在全园建筑中处于主体地位，其他建筑处于从属地位。颐和园的前湖浩渺广阔，处于主体地位；后湖狭窄曲折，处于从属地位。避暑山庄，山林处于统帅地位，其他元素处于从属地位。通过主从关系的建立，园林就会产生重点。苏州园林建筑群中的建筑，总有重点和一般之分。例如，苏州拙政园的中园，远香堂是重点，其他建筑是一般。又如，安徽黄山风景区中，黄山松是主要的欣赏对象，是重点；其他植物处于从属地位，是一般。黄河壶口瀑布，跌水和山石是欣赏的主要对象，是重点。

主从与重点是园林营造的核心问题，只有搞清哪些景观是首要的，才能完成园林的经营布局，给园林以合适的定性，并确定园林的轴线关系或者视线关系。

青海坎布拉丹霞地貌

　　对称与均衡也是园林营造中的重要问题。规则式园林，往往采用对称式布局。自然式园林，总体上不采用对称式布局，但也要讲究均衡。例如，北京颐和园万寿山的几组建筑群，都采用对称式布局，取得了很好的艺术效果，起到了统率全园的作用。但是，颐和园的山水空间，没有采用规则式的布局方式，而是采用自然式造园的方式，总体上布局比较均衡。颐和园的廓如亭，与龙王岛不对称，但是通过十七孔桥，与龙王岛取得了平衡。为了取得这种平衡，廓如亭建筑的体量十分巨大。山水也有均衡的关系，颐和园山体的位置和水面的位置，取得了比较好的均衡效果。试想，如果没有狭小后湖的存在，整个颐和园的山水空间就会很不完整。再如，凡尔赛宫园林，几乎完全采用对称式的布局方式，取得了建筑园林壮丽规整的艺术效果。再如，承德避暑山庄，除了宫殿区建筑外，其他地方完全采用自然式布局，各个元素的布局均衡而稳定。对称的均衡往往是缺乏动势的均衡，而园林则往往存在强调动势的均衡。例如，北京长安大戏院前的"脸谱"雕塑，虽然是对称的，但是动势十分强烈。西班牙高迪的多座奇特建筑，动感强烈，但仍然不失均衡，成为重要的城市风景。俄罗斯莫斯科河上的彼得大帝雕塑，动感十分强烈，同时依然不失均衡。

四川黄龙的彩池

北京植物园樱桃沟的水杉林（杜雨摄）

四川亚丁村

北京颐和园的廓如亭和龙王岛通过十七孔桥取得不对称的均衡

比例与尺度不仅是个美学问题，更是营造人性化空间的关键问题。比例因为比较而存在。园林大多是大尺度空间，与建筑相比，比例有很大不同。园林在高度上变化不大，因此应重点推敲的是平面的比例，也就是长宽方向上的比例。怎样才能获得美的比例呢？普遍认为"黄金分割"是最美的比例。尺度在园林中更为重要，因为平面图纸上的比例，在空间中往往并不容易被感知到，能直接感知的是是否符合人的尺度。苏州网师园殿春簃建筑群中的廊子，只有70厘米宽，明显不符合今天的建筑规范，但是，因为是私家园林，只容一人通过就可以了，所以它起到了小中见大的效果，尺度合宜，比例得当。苏州怡园的螺髻亭，被形容为小得像妇女的螺髻一样，小巧玲珑，伸手可以够到屋顶，它也起到了小中见大的效果。园林也好，建筑也罢，尺度必须满足人活动的需要。园林建筑要避免体量过大，过于集中，要讲究"小、散、隐"，即要满足园林尺度的需要。体量过大的建筑在园林中会产生压迫感。杭州西湖边曾经拆除了一座体量过大的建筑，以保持西湖风景的美感，而现在的雷峰塔和保俶塔体量较为合宜，它们成为西湖边上的重要景观。室外设施，也要符合人的尺度，如坐凳的高度在40～50厘米比较合适，踏步高度在15厘米左右比较合适。园林广场的尺度一般不宜过大，以直径不超过35米为好。园路也不宜过宽，主路能单向行车就能满足要求了，特殊情况下，双向行车就足够了。园林建筑尺度不能过大，以面积200～300平方米为佳。除了楼阁和塔以外，建筑的楼层数不宜超过3层。园林与建筑的重要区别，就是园林中的植物是有生命的，不断地处在生长之中，而且自然形态的比例、尺度与建筑的完全人工的比例与尺度存在明显差别。但是，人类对比例尺度的认识，从根本上说，来源于对自然的认识，自然产生的比例与尺度往往是最美的。例如，黄山松的比例与尺度就很美。因此，不能完全像对待建筑的比例与尺度那样，用纯几何学的方法对待园林的比例与尺度。但是，即使是自然式园林，其局部仍然存在纯几何的尺度关系；而规则式园林，则必须强调整体的纯几何对位关系。

节奏与韵律在园林中很重要，因为园林和建筑都是无声的音乐。节奏与韵律是音乐中的术语。节奏是指音乐中音响节拍轻重缓急有规律地变化或重复，韵律是在节奏的基础上产生的。在构图中，节奏着重于运动过程中的形态变化；在园林中，节奏是指一些元素有条理地反复交替出现或排列组合，使人在视觉上感受到动态的连续感。节奏是韵律的纯化，韵律是节奏的深化。韵律不是简单地重复，它是有一定变化的互相交替，能在整体中产生不寻常的美感。例如，城市的行道树间隔基本一致，会产生一种节奏感，乘车通过街道时，在视觉上的韵律感会很强烈。音乐喷泉，喷泉随着音乐的节奏和韵律起伏奔涌，就会产生强烈的美感。在园林的空间序列中，节奏和韵律很重要，因为空间序列是靠适当的节奏和韵律形成的。例如，登山途中，每隔一段路途的路亭或观景平台，形成节拍，打断了线性的路途，形成节奏和韵律感。园林建筑群的节奏和韵律也很重要，适当安排园林建筑群的高低起伏变化，大小对比变化，色彩对比变化，可以产生良好的节奏感和韵律感。自然山水也存在节奏和韵律，如杭州西湖的山，山峰不高而峰峦起伏，形成了良好的节奏感和韵律感，从而使欣赏者产生美感。北京城市的中轴线，也是节奏和韵律的典范。希腊圣托里尼的建筑群富于韵律，高低起伏，错落有致。

希腊圣托里尼的建筑群富于韵律，像一曲交响乐章

形式美法则是人类在创造美的形式、美的过程中对美的形式规律的经验总结和抽象概括。研

究、探索形式美法则，能够培养人们对形式美的敏感度，指导人们更好地去创造美的事物。掌握形式美法则，能够使人们更自觉地运用形式美法则表现美的内容，达到美的形式与美的内容高度统一。

北海耸立的白塔与蓝色的天空构成自然和谐的画面

在探究形式美法则的时候，必须十分重视内容美。园林的内容天然存在着美，自然之美是园林的核心美。在自然之美的基础上，通过这些与形式美法则密切相关的营造手段，挖湖堆山，构造建筑，修建道路和广场，可以创造美景，使人获得美的感受。生态之美是自然之美的最高形态。生态之美的核心是和谐，植物之间的和谐，植物与山水空间的和谐，植物与建筑的和谐，植物与道路和广场的和谐，各种和谐构成了生态之美的和谐乐音。生态之美是指人类与自然、人类与人类和谐相处而产生的美感，是美的最高境界。

第七章

园林与环境行为

人总是生活在环境之中的。一方面，人要适应环境；另一方面，人又在不断地改造环境。城市是一种人工环境，园林既有人工环境的成分，又有自然环境的成分。人生活在社会中，因此，人又构成了一定的社会环境。人在环境中活动，就有这种活动的客观规律。近年来，人们用"环境行为学"这一通用术语泛指这一研究领域。

环境行为学的兴起，主要原因有三：一是城市环境恶化，二是社会文化发生了变化，三是人们的环境意识和人本意识增强了。第二次世界大战后，城市人口激增。人口的激增，导致了住房紧张，建筑杂乱，交通拥堵，污染严重，犯罪率激增。城市环境恶化，城市生活质量下降。在这种情况下，对环境行为学的研究就显得尤为重要。社会文化发生了深刻的变化，工业化在带来经济发展的同时，也对文化产生了巨大的影响，工业化的负面影响逐渐为人们所重视。随着科学技术的发展，后工业时代也就是后现代社会来临了。随着交通、通信的发展，整个地球变小了。在这种情况下，社会文化空前地包容与多元化，原有的血缘关系社会转变为地缘关系社会。这也对人类的行为产生了深刻的影响。此外，人们的环境意识不断增强，人们越来越认识到环境对于人类的重要意义，强烈要求改变环境恶化的现状，提高生活的质量。人本意识的增强，更要求人们在考虑许多问题的时候，从人出发，而不是从物出发。因此，在人与环境的关系中，对主体——人的研究就愈发重要了。我国正处于快速工业化时期，东部发达地区已经基本完成了工业化，也就是现代化，特别是通过信息化等新技术革命的成果，实现了跨越式的发展，目前正在向后工业时代过渡，因此充分研究环境行为学就显得愈发重要。环境行为学研究对规划与设计行业有重要的意义，因为规划与设计行业都必须"以人为本"，充分考虑人的需求。人在环境中活动的基本方式、主要内容、需求特点，都是规划与设计者必须充分研究和认真考虑的内容。

在环境行为学中，首先要弄清楚环境、人的需求、行为、环境规划与设计等基本概念。环境，一方面指周围的地方，另一方面指周围的情况和条件。周围的情况和条件影响着在其中的人的活动、人的行为。人与环境处于同一生态系统中，环境与行为本质上是一种交互作用，环境会限制或促进某些行为，行为又反作用于环境，使环境发生改变。也就是说，人适应环境以满足自身需要，如果无法满足或无法适应，就会开始着手改变环境，并根据环境的改变调整自己的行为。人与环境不断地交互作用，使人能更大限度地满足自身的需要。在这里人与环境是一种共生的关系。园林中的道路设置即为一例：一块大草坪，会被穿行的人踩出若干小路。在园林中，人们常常将这些被人踩出的小路铺上石块，变成真正的道路，从而将一种非正式的行为转化为正式的行为，使环境发生改变。这种改变发生之后，人就从容地从新建的道路中通行了。这样，环境的改变又进一步改变了人的行为。美国著名心理学家马斯洛提出了著名的需求层次理论，尽管还存在某些争论，但它对环境行为学研究的影响却极大。马斯洛的需求层次理论亦称"基本需求层次理论"。在这一理论中，马斯洛把需求分成生理需求、安全需求、社交需求（亦称爱和归属感）、尊重需求和自我实现需求五类，依次由较低层次到较高层次排列。在自我实现需求之后，还有自我超越需求。行为是受思想支配而表现出来的活动。行为的目的是满足需要。在环境行为学研究中，行为不仅包括可观察到的具体的反应和活动，而且包括知觉、认知等活动。园林环境的规划与设计是工学、艺术、人文的交融，不仅涉及生活环境，还涉及人的生活方式。

人主动并有目的地从环境中获取信息的活动称为知觉。格式塔心理学派（亦称完形心理学派）的知觉理论对环境规划与设计的影响最大。

格式塔心理学派与园林相关的第一个原理是图形与背景理论。人们不能全部感知客观对象，而

图形和背景的互换

总是有选择地感知一定的对象——有些凸显出来成为图形，有些则退居衬托地位而成为背景。图形和背景的关系：图形清晰明确，相对较强；背景模糊不定，相对较弱。图形较小，背景较大。图形一般被感知于背景之上。图形具有轮廓，背景的轮廓则不易被感知。有时，图形和背景可以互换。园林中典型的图形与背景的例子是承德著名的山峰磬锤峰。形象十分突出的山峰巨石形成图形，远处的群山和天空退居后面形成背景。又

如，夏季荷花开放，花朵形成图形，绿色的荷叶形成背景。再如，颐和园佛香阁的红墙黄瓦形成图形，郁郁葱葱的万寿山和蓝色的天空形成背景，佛香阁一下子就跃入人们的眼帘。构成良好图形的主要规律：小面积比大面积易于形成图形；单纯的几何形体较复杂的几何形体易于形成图形；对称形态较不对称形态易于形成图形；水平和垂直形态较斜向形态易于形成图形；封闭形态较开放形态易于形成图形；凸出的形态比凹入的形态易于形成图形；动的形态较静的形态易于形成图形；整体性强的形态易于形成图形；奇异的形态易于形成图形。

格式塔心理学在园林中运用的第二个原理是简化原则。格式塔心理学认为，在组织视觉刺激的时候，人的认知有简化对象的倾向。

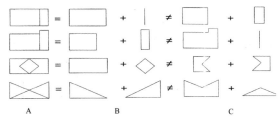

磐锤峰为图形，天空为背景　　　　　　　简化原则（摹自艾定增等《景观园林新论》）

格式塔心理学在园林中运用的第三个原理是群化原则。知觉具有控制多个视觉刺激，并使之形成整体的倾向。也就是说，整体性良好的多个视觉刺激，整体和部分之间必然存在某种形成统一整体的控制规律。一般来说，类似的个体或者部分易被感知为整体；个体或群体越对称，越易于被感知为整体；相互密切接近的个体或部分易于被感知为整体。群化原则在应用中要从具体情况出发，不一定是整体性越强，效果就越好。

人从生动的直觉——感觉开始认知世界。客观对象的刺激，包括光线、声音、气味、接触等，作用于人的感受器官，如眼、耳、鼻、皮肤等，再由传导神经将对感受器官形成的刺激所引起的神经冲动传送至大脑，形成感觉。人的感觉同园林环境规划与设计密切相关，因为人通过多种感觉，包括视觉、听觉、嗅觉、动觉、触觉等体验环境。环境感觉以视觉为主，也涉及其他感觉。不同感觉之间的相互影响，有时存在相互削弱与破坏的关系，有时则相互加强与协调，有时还可在一定程度上相互替代与补偿。一处好的园林，提供给人的综合感觉，应当是多种感觉的相互加强与协调，也就是多种感觉的"协同"作用。协同有两层含义：一是某一环境所提供的多种感觉应与所在环境性质相匹配；二是这些信息在质和量上应相互协同配合，产生"最佳组合"。只有符合这两点，才能产生比较强烈的体验。要形成积极的体验，就要加强不同感觉之间的协同与配合；要削弱消极的体验，就要削弱不同感觉之间的协同与配合。例如，拙政园的雪香云蔚亭，是一组以梅花为主题的景观。所谓雪香，指的是白色梅花开放时发出的香味，仿佛是白色的雪花飘出了清香。白色、雪花、梅花、香味的感受就协同加强了早春的感受。又如，"桂子月中落，天香云外飘"，说的是中秋节时，圆月当空、桂花飘香的情景，月宫与桂花和香气及天上的彩云就协同烘托了中秋节这个主题，视觉、嗅觉协同作用，产生了良好的效果。

通过心理学家的实验，人们认识到：动物需要刺激和变化才能延续和生存。人从出生起就偏爱复杂的视觉刺激。偏爱复杂的刺激也是成年人的特点。改变刺激的种类和强度能引起知觉的改变。一直暴露于同一环境或者同类刺激中，知觉会迟钝、呆滞，甚至会从厌烦刺激发展为厌烦环境。因此，复杂的刺激是维持心理健康的必要条件。例如，乘坐火车的人往往感到单调乏味，愿意坐在靠窗的座位上观看窗外的景致，景致的不断变化带来了刺激的变化，刺激比较复杂，就消除了旅途的烦闷。但是，复杂性的水平并非越高越好。从比较单调到比较复杂，人们的感受水平逐渐升高，但升高到一定程度后，复杂性继续提高，人们的感受水平反而会下降。当输入的信息过于复杂、信息量过大，超出了人的承受范围的时候，人的不舒适感就会产生。就知觉而言，人偏爱复杂的刺激，但就认知而言，人需要识别和理解环境，也就需要一定的条理性和秩序性。人对复杂性的偏爱，实际上是对有组织的复杂性的偏爱，而并非对混乱无序的偏爱。让城市和园林具有最大限度的有组织的复杂性，应当是规划设计者的追求。

凯文·林奇是将心理学引入城市规划与设计的学者之一，其标志是他所著的《城市意象》（*The Image of the City*）一书。凯文·林奇将城市意象中的物质形态归纳为五种元素——路径、边界、区域、节点和地标。

路径是运动的通道，行人通常沿着路径运动并在运动中观察城市。路径具有连续性的特点，人们一般把路径记忆为直线，较小的弯曲通常被忽略。

边界也是一种线性元素，是线性的界限。所谓的线性不一定真正是一条直线或曲线，也可以是两个区域之间的过渡性地带。路径在有些场合、有些时候也可以被作为边界。

区域是指具有同质性的一定的地块。城市作为一种结构性存在，必然要分为不同的功能区域。当人们走进某一区域时，会感受到强烈的"场域效应"，形成同质性的城市意象。

节点是城市结构空间及主要要素的联结点，是人的出发点和汇聚处。凯文·林奇把节点视为不同结构的连接处与转换处。节点可能是一个广场，也可能是一个交叉口或换乘点。节点常常是城市结构与功能的转换处。

地标是指点状参照物，最重要的特点是"在某些方面具有唯一性"，在整个环境中令人难忘。因此，人们靠地标判明方向，识别地点，熟悉道路。一个人对一座城市在头脑中形成的意象由三方面构成：一是特色，即城市有个性；二是清晰的结构；三是含义。这些对城市的探讨，对于园林，同样有效。

易识别性是园林规划与设计的重要内容之一。要使园林具有易识别性，先要从整体着手构成环境：一是要有清晰的结构；二是构建从大到小的区域层次；三是保持区域景观的特色，特别是提炼区域的"符号"；四是提供眺望、俯瞰的场所；五是设置中心标志。要使园林具有易识别性，还要运用认知规律组织环境：一是运用道路和地标组织环境；二是把握人注意的广度，也就是人在同一瞬间内清楚把握对象的数量；三是确立人在园林中获得良好的第一印象。

领域是指人占有和控制的特定空间范围。领域性是与领域有关的行为，是个体或群体为满足某种需要，要求占有或控制某一特定空间范围及空间中所有物的行为。领域能为人提供安全感，提供刺激，表明占有者的身份和加强成员的认同感。园林等外部空间，尺度较大，属于公众而不属于个体或群体，一般所发生的领域行为与所有权基本无关。

人与人之间的距离，往往对人的心理和行为产生影响。如同鸟在电线上排成一排，需要相互保持一定的距离，恰好谁也啄不到谁一样，人也有类似的行为特征。每个人身体周围都存在一个既不可见又不可分的空间范围，对这一范围的侵犯或干扰，将会引起被侵犯者的焦虑和不安，这就是个人空间。个人空间起着分隔个人的作用，以保证个人享有空间的完整性。个人空间使人际的信息交流处于最佳水平，如果距离过近，信息量过大，就可能产生压力。个人空间的前部比较大，后部比较小，两侧则更小。人与人之间保持的空间距离可以分为四类：密切距离、个人距离、社交距离、公共距离。密切距离为15～45厘米，位于这一距离时，身体有相当大的实际接触，可以互相感到对方的热辐射和气味。这一距离主要适用于格斗、亲热、抚爱等行为，一般不适用于公共场合。在公共场合，如果人与人之间处于这种距离，会感到很不安。个人距离为45～120厘米，与个人空间范围基本一致。在该距离时，人说话语音适中即可，眼睛易于调整焦距，观察细部质感时失真少。社交距离为1.2～2.1米。公共距离为大于3.6米的距离，主要用于演讲、演出和各种仪式。人总是尽可能使自己与陌生人之间保持一定的安全距离，这个距离受周围其他人与人之间距离的影响很大，即不同场合，陌生人的个人空间模式各不相同。

私密性也是园林空间营造中的重要问题。为了满足私密性的要求，外部空间必须根据对私密性的要求做出处理。形成私密性的方法：一是形成隔绝；二是提供控制，主要是通过保持视听单向联系、设置过渡空间等方法控制与外部空间的信息交换。从空间行为的角度

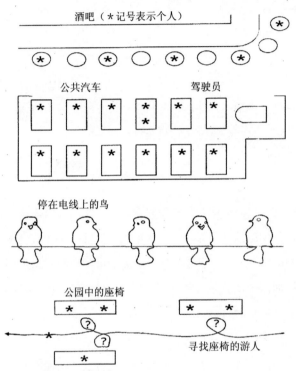

不同场合陌生人的个人空间模式（摹自艾定增等《景观园林新论》）

看，空间分为私密、半私密、公共三种。

总之，应充分考虑人在园林环境中行为的特点，对园林环境加以布置，以满足人的需求，使园林的规划与设计有的放矢。

第八章

园林意境

园林意境是指抒情性园林作品所呈现的情景交融、虚实相生、沽跃着生命律动的韵味无穷的诗意空间，是园林艺术作品借助形象所达到的一种意蕴和境界。意境是园林作品抒情性的表现，是园林艺术形象在人内心深处所引起的共鸣。一座好的园林，必然存在美的意境，古今中外莫不如是。虽然外国园林没有明确提出意境这一词，却也存在某些类似中国园林意境的现象。

意境离不开景象，但又远远较景象更为高级和深刻。景象只是客观存在的景物和形象，景象只有上升为艺术形象，引起人的深层次的美感，才能升华为意境。中国传统园林的题咏，就点明

朦胧的意境之美（引自陈建行《苏州园林》）

了园林的主题和思想内涵。欣赏者通过"品题"活动，深入把握艺术形象的精神内涵，并使之与自己的情感和思想产生共鸣，从而使园林营造者所创造的美感得以再现。欣赏者甚至能获得对这种美感再现的超越。只有超越了具体的"象"，才能最终获得园林的深刻意境。

意境是景、境、情的对立统一的运动关系。景是园林营造的核心内容，园林的营造首先就是要造景。景可以分为两个层面：一是景物，二是景象。景物只是客观的存在，没有任何的思想感情，而景象则包含了思想感情在其中。景象由最基本的园林要素构成，如山、水、建筑、植物、园路等，但又超乎这些物质实体的简单存在，与气韵、时空等相关联。气韵是一种韵味，只可

苏州艺圃一隅的意境

意会，未必能够言传。古代画意追求气韵的生动，在园林中，也要强调气韵的生动。园林的气韵不仅仅是构图的美感，更与时空相联系。例如，"月来满地水，云起一天山"就说明了时空关系对气韵、境界的深刻影响。苏州网师园中的小亭，本与其他园林中的小亭没有什么物质构造上的分别，但多了"月到风来"这几个字，便大不相同了。风月本来是无边的事情，却使一个景物升华为了景象。中国园林所追求的"象外之象"，大约也就是如此了。而且，"月到风来"规定了时间与空间的不同，既要是夜晚，而且要是有月亮的夜晚，还要有清风习习吹过，给人以综合的感觉和心境。境的存在依赖于景，但是境又与景有着根本的分别；景是事物构成的空间形象，境则是景所引起的思想活动。中国古代的"神游"，就是境的一种最好的诠释。神游，是指离开了具体的景物，由精神世界直接进行"游赏"活动，甚至有时只是"卧游"，却也能够品味精神世界园林的境界乃至意境。因为景是物质的，境是精神的。境是从景产生的想象的空间，是对美景的精神品读。离开了境，就没有园林的深层次的美感，也就没有了意境。境，也可以认为是境界，是通过对景象的品读所获得的对宇宙、人生的感悟。境界是从具体形象到情的过渡的中间状态和中间层次。境的主观特性决定了不同的人，在欣赏同样的景象时，所产生的境是不完全相同的。这也就是所谓的"境界有二，有诗人之境界，有常人之境界"。园林欣赏过程中的境或境界，随着欣赏者艺术修养的不同而不同。大凡成功的园林，无论是园主人，还是造园师，都会有比较高的文化和艺术修养，能够营造较高的艺术境界。而高明的欣赏者，也能在园林作品中品读出境界，获得对宇宙人生的感悟。

通过境的过渡，是要生情的。触景才能生情，但仅仅有景物、景象，或者又升华出了境或者境界，还不一定能够生情。只有生情，才能使对园林的品鉴达到一个新的高度。园林作品之所以能感动人，就是因为触景达到了生情。例如，苏州拙政园的雪香云蔚亭是欣赏早春梅花景观的地方，如果只是花花草草，并不能获得更为高远的意境，而"雪香"二字，点明了梅花的美的形象，并加以比喻，能使欣赏者触景生情。因此，在景、境、情中，情是意境的最高境界。生情，说明人的心灵被

苏州拙政园的雪香云蔚亭

园林所触动，所感动，达到了最高的艺术境界。

中国园林是景象的高度抽象、概括，这与中国绘画强调写意有关。"一峰则太华千寻，一勺则江湖万里"，就是这种抽象、概括的生动体现。日本的枯山水园林，便是对景象的高度抽象、概括。枯山水中，甚至已经没有植物，只是几块山石，一片砂砾，却表达了并不平静的"心海"，表达了主观世界的一种意境。

意境既是中国传统美学的重要范畴，也是中国园林审美的重要范畴。中国园林的一个重要特征是画意园林，与中国写意山水画紧密关联。园林的主人，园林的创作者，很多都是画家或者对写意山水画有所研究的人。因此，画意中的意境理论便被园林创作者所借用，并在园林营造中发扬光大。画意的提炼与凝缩，又离不开"诗情"，也就意味着文学艺术对园林产生了深刻的影响，对园林的意境产生了深刻的影响。

意境理论最先出现在文学创作领域。魏晋南北朝文学创作中有"意象"说和"境界"说。唐代诗人王昌龄和皎然提出了"取境"和"缘境"的理论，司空图又提出了"象外之象，景外之景"的创作见解，刘禹锡则说"境生于象外"。到了明、清，围绕着意与境的问题，又展开了新的探讨。明代的朱承爵提出了"意境融彻"的主张。清代诗人叶燮则认为意与境并重，强调把"抒写胸臆"同"发挥景物"有机地结合起来。近代的王国维则提出了诗词创作中的"有我之境"和"无我之境"这两种不同的审美范式。

意境理论还被广泛地应用于中国绘画领域。早在三国两晋南北朝时期，绘画者就已经开始注重写生，并提出了"澄怀味象""得意忘象"的理论，以及艺术创作旨在"畅神"和"怡情"的思想，这种理论和实践对后来中国的绘画意境构成产生了深刻的影响；唐代张彦远提出了"立意"说；五代山水画家荆浩提出了"真景"说；宋代画家郭熙提出了山水画"重意"的问题，认为创作、鉴赏应当"以意穷之"，并第一次使用了"境界"这样一个概念；至宋、元，文人画兴起和发展起来，特别是苏轼提出了追求"诗画一体"的艺术主张，崇尚表现文人内心世界和文人自我品格的写意画的兴起和发展，使传统绘画从侧重客观世界的简单描摹，转向注重精神世界的主观表现，以情构景、托物言志的创作倾向促进了意境理论和实践的发展；至明、清，关于意境理论的研究，达到了前所未有的高度。意境理论的提出与发展，使中国绘画在审美意识上具备了二重结构：一是客观事物的艺术再现，二是主观精神世界的表现。两者的对立统一构成了中国传统绘画的意境美。

粉墙黛瓦小花（引自陈建行《苏州园林》）

绘画所传达的意境，既不是对客观物象的简单描摹，也不是主观精神世界的随意拼凑，而是主、客观世界的对立统一，即画家通过"外师造化，中得心源"的审美创造活动，在自然美和艺术美方面达到高度的和谐统一。齐白石所说的"似与不似之间"，就是意境的很好的解说，说明了象和象外的对立统一。而园林的意境创造，既然是诗情画意写入园林，那么从一开始，它就与绘画的意境创造密切相关。

意境的结构特征是虚实相生，由"虚境"与"实境"两部分组成。虚境是实境的升华，体现实境的意向和目的，体现整个意境的审美效果，处于意境结构中的灵魂、统帅地位。但是，虚境必须产生在实境的基础之上。这种虚实的对立统一，就构成了意境。

既然园林是时间与空间的艺术，其意境的创造就离不开时间与空间的对立统一。一方面，园林的意境是空间的意境，另一方面，园林的意境又是时间的意境。园林意境是时、空关系对立统一运动所产生出来的意境。

先说空间。空间既是艺术形象，也就是园林景象的载体，又是人们欣赏园林时所处的情景。空间是三维的。因此，绘画艺术不是空间艺术，只是二维平面艺术，而建筑、园林、雕塑则是三维空间艺术，人在园林空间中运动，由空间提供了观赏路线的变化的可能性。观赏三维的园林空间，看到的是园林的"景象"或者"景物"，欣赏的是园林的"意象"或者"境界"。中国园林的空间极其复杂，游览路线的排列组合丰富多样，于是就构成了"循环往复，以至无穷"的园路体系，于是就构成了欣赏过程中空间的复

苏州狮子林真趣亭

杂性。例如，苏州留园"石林小院"一组园林建筑，面积并不大，却构造出了极其繁复的空间组合与变化，产生了一组十分有"韵味"的空间。留园入口的空间，更是通过明暗、开合、高低等的对比变化，形成了极富趣味的入口空间形态，成为中国古典园林入口的经典。又如，苏州狮子林的假山，其路线组合达十多种，在有限的空间内创造了极富变化的空间效果。

再说时间。时间对于建筑和雕塑，一般不具有变化性。虽然岁月洗涤，会使建筑和雕塑留下斑斑驳驳的印记，但欣赏它们，并不强调时间的变化。园林则不然。园林的历时性特点是园林意境创造的重要因素。园林中的植物、动物，四时皆有变化，春花、夏雨、秋月、冬雪，整个园林就在时间的变化之中随之变化。因此，许多园林景点的景观，都是随着一年四季、一日四时不断发生变化的。园林的景物、情境、意境也随之发生变化。变化有两种：一是植物季相变化，二是天气四时变化。关于植物季相变化，例如：苏州拙政园的"雪香云蔚亭"，欣赏的是早春白色梅花开放似雪时的景观；"荷风四面亭"，欣赏的是夏天荷花开放时的景色。关于天气四时变化，例如："听雨轩"是专为在雨中听雨打残荷动人的音响而设置的；"锤峰落照"欣赏的是晚霞中磬锤峰的景色，等等。总体上，空间与时间的对立统一运动，构成了园林意境的重要组织渠道。应最大限度地展现园林的时空境象，使作品中有限的空间和境象，幻化为蕴含无限大千世界的艺术境界。

园林的时间特性决定了，同一处景点，同一个空间，在不同的时间里，所产生的意境是不同的。因此，园林的欣赏，存在"最佳意境"问题。"最佳意境"往往是可遇而不可求的。例如，苏州拙政园冬雪时，景色很美，意境极佳，却还不是最佳意境，这时在香洲里，点燃几盏油灯，灯光在雪野中泛出温暖的光，才构成最佳意境。

园林意境，包含了意境的创作和意境的欣赏两个过程，也就是包含了艺术表现的过程和艺术再现的过程。创作和艺术表现的过程，要求造园者有丰富的审美经验，能将所要表现的意境，在自己的园林作品中充分表现出来。欣赏和艺术再现的过程，要求欣赏者有高深的文化素养，能"读懂"造园者所要表现的意境。不同的欣赏者欣赏同一个园林的时候，会因为各自不同的文化背景、宗教信仰、审美情趣等，而产生不同的感受，也会因为天气的变化，季节的不同，而产生不同的感受，这就构成了园林欣赏的复杂性。对于意境的欣赏，要求欣赏者自身具有较高的文学艺术修养，能够较好地"再现"园林的意境。

问名和品题是重要的阐发意境的方法。通过问名和品题，可以使景象得以阐发，升华为意境。

通过问名和品题，本来意境比较一般的景色，可以上升为意境较为高远的景色。例如，黄山上一块形似毛笔笔尖的巨石上，生出了一株不大的黄山松，被命名为"梦笔生花"，这一命名使本来很平常的景物，上升为具有意境的景物。又如，黄山北海有石猴，俗称"猴子观海"，但因石猴正对远处的太平县，于是将其改为"石猴望太平"，于是境界陡然提高了。园林中的这种通过问名和品题提升境界的例子比比皆是。例如，苏州拙政园的"与谁同坐轩"，与谁同坐呢？我与清风明月同坐。一下子，一个普通的扇面亭，就被赋予了十分高远的意境。又如，杭州孤山的"放鹤亭"，本来是一座十分普通的亭子，但有了"放鹤"这两个字，就点明了一段典故：宋代诗人林逋，在这里植梅花，放仙鹤，爱梅花和仙鹤到了极致，将梅花当作自己的妻子，将仙鹤当作自己的儿子。著名的"梅妻鹤子"典故使亭子和亭子周围的景观得到了升华，成为孤山重要的一景，并被赋予了很高的境界。还如，昆明滇池的大观楼只是一座普通的楼阁建筑，有了孙髯翁180字的大观楼长联，整个大观楼的境界就得到了提升。这些例子，说明了文字在意境创造中的重要作用。中国是诗和画合一的国度，仅有动人的画面是不够的，必须配以诗文，才能充分地展现园林的意境。

意境需要细细品味（引自陈建行《苏州园林》）

中国园林有意境，西方园林是否也有意境呢？应当说，"意境"一词确为中国美学所独创。西方美学范畴中虽然没有明确提出"意境"一词，但是不能因此认定西方根本就不存在中国美学范畴中被称为"意境"的现象。西方园林明显具有与中国园林不同的审美体验，但也不乏意境这类现象，而且这种审美体验在不同之中又存在相同之处。

中国园林的意境是中国园林的重要特征之一。把诗情画意写入园林几乎是每一位造园家对每一座园林的追求。园林中大量的匾额、楹联，都是对园林内涵的深入阐释。对园林的题目进行品味和阐释，可以把一个个具体的景物和景象升华为具有文化内涵的园林审美的对象。

第九章

园林建筑

园林建筑是园林构成的五要素之一，并且是这五要素中很积极的一个要素。在园林中，建筑受自然环境因素的制约相对比较少，人工的成分比较多。古代园林中的建筑，无论在中国园林还是在西方园林中，都十分重要。特别是中国古典园林，虽然是"自然式"园林，但建筑在园林中所占的比重却很大。在苏州园林中，有的园林建筑的密度甚至高达35%以上。尽管建筑密度如此之高，但建筑和山水及动、植物结合得宜，也形成了良好的人居环境。园居活动对建筑的要求很广泛，厅、堂、斋、馆、榭、舫、亭、塔等许多类型的园林建筑，为园居生活提供了空间和场所。西方古典园林虽然是建筑统率园林，但是建筑在园林中所占的比重反而不高，而只是建筑体量巨大，位置突出并且将园林作为建筑的附属与延伸，形成了所谓的"建筑式"园林。现代园林，建筑讲究审美与功能的统一，园林建筑为游人提供驻足休憩的场所，并提供必要的服务。同时，园林建筑又作为得景与成景的重要手段，参与园林造景活动。

在园林中，建筑常常能成为主景，成为吸引游客游览的重要因素。

北京香山琉璃宝塔

79

北京香山见心斋水榭

北京香山见心斋亭廊

园林建筑对景观的营造起到了积极的作用。

首先是点景，也就是成景。建筑与山水、花木、道路及广场等结合起来，能构成优美的画面，且建筑往往是这些画面的核心和主体。中国古代园林中的颐和园、避暑山庄和圆明园的主要景点大多是建筑景点。即使是现代园林，主景建筑也往往成为园林的构图和组景中心，建筑的风格直接影响着园林的风格。

其次是观景，也就是得景。建筑适宜游人驻足停留，往往成为观赏风景的合适地点，因此，园林建筑的选址十分重要，基址往往选在风景的最佳观赏点上。同时，建筑本身的朝向十分重要，只有获得了良好的朝向，才能获得良好的风景。例如，颐和园的佛香阁建筑群，既是全园的核心景观，同时，在其上登高远眺，又能获得良好的视野，可以俯瞰整个烟波浩渺的昆明湖，是建筑成景与得景的典范。西湖的雷峰塔也是这样。

再次是组织游览线路和空间序列。日常的寻址活动总是按照从大到小的区域层次，由若干阶段组成的，每一阶段都有若干中间目标。作为景点的建筑，常常是在园林中行进的阶段性目标。同时，建筑对形成良好的空间序列会产生重要的作用。一般来说，每一园林建筑都是空间序列的组成之一。

最后是形成地标。在第七章，规划师凯文·林奇提出了组成城市意象的五种基本元素，它们同样适用于园林环境。一是路径，也就是运动的通道。在园林中，人们沿着路径运动并观察园林。二是边界，也就是线性的界限。三是区域。四是节点，是人们认知园林的关键点，如交叉路口、广场等。五是地标，亦称"标志"，是园林中突出的参照物，如雕塑、纪念碑、建筑等，人们靠地标判断方向，识别园林。因为在园林中，一般来说，植物形成背景，建筑形成图形，建筑在园林中形象比较突出，所以可识别性比较强，易于成为园林中的地标。

园林建筑大致可以分为四类：风景游览建筑、庭园建筑、建筑小品及园林交通建筑。

园林建筑有许多特点。一是园林建筑的艺术性要求比较高，也就是园林建筑应有较高的观赏价值并富于诗情画意。二是园林建筑应布置灵活，变化丰富，组合多样。三是园林建筑要适应观景的需要，适应观赏路线和空间序列组织的需要。四是建筑要与园林环境相协调，要重视对建筑室内外空间的统一组织，使室内外空间形成一个整体。五是园林建筑要密切结合筑山、理水、配置植物、修建道路广场，以形成特定的景观效果。

北京长城脚下公社景观建筑之一

北京长城脚下公社景观建筑之二

园林建筑必须紧密结合园林，要有高远的立意。园林建筑是占据一定时间空间、有形有色的立体空间塑造，因此，园林建筑必须有意匠。意者立意，匠者技巧。立意与技巧相辅相成不可偏废，只有技巧的建筑营造得再好也只能平平淡淡。立意好加上技巧好，才能营造上乘的园林建筑。园林建筑如果缺乏立意，那么构图只能是空洞地堆砌。有了高远的立意，才能为园林建筑提供较高的艺术境界。立意的确定，对解决好园林建筑的主要矛盾，对解决好园林建筑的功能问题，大有好处。我国传统的园林，乃至西方的杰出园林，都离不开高远的立意。园林建筑和小品也是如此。中国园林建筑十分讲究品题，通过诗文、楹联、匾额点明建筑的立意。例如，圆明园四十景、避暑山庄七十二景，景点的名称都有高远的立意，景点的艺术水平也因此得到升华。因为路易十四自诩为太阳神，所以法国凡尔赛宫园林围绕太阳神阿波罗展开，布置了一系列的雕塑景点，点明主题，表现立意，连建筑、雕塑的朝向都考虑了太阳神这一主题。当然，园林建筑重视立意，绝不是要忽略建筑本身的功能。

园林建筑还要重视建筑和自然环境的结合。与城市建筑不同，园林建筑与自然环境的结合至关重要。园林建筑只有与园林环境融为一体才能取得良好的艺术效果。园林建筑有无创造性，如何利用和改造好环境，十分重要。例如，肇庆七星岩的豁然亭，位于七星岩游线的末端，出了洞口即可抵达，抵达这里豁然开朗，优美的风景尽收眼底，令人心情愉悦，"豁然"两字就点明了景观的主题。峨眉山清音阁建筑群，建于峨眉山半山两条溪涧峡谷之间，这里终年云雾缭绕，"清音"二字点了泉水的声音效果。

立意确定之后或同时，选址工作就应当展开。选址和立意是相辅相成的，有时候选址确定立意即已确定，有时候则需要根据立意进行选址工作，还有时候先完成选址再确定立意。例如，著名美国建筑师赖特设计的落水别墅，就是选址、立意俱佳的风景建筑。2000年年底，美国建筑师协会选出20世纪美国建筑代表作，落水别墅排名第一。20世纪30年代，业主考夫曼邀请赖特为他设计一座别墅，地址在宾夕法尼亚州康纳斯维尔市一处叫作"熊跑溪"的地方。那里有山有水，植被茂盛，一泓瀑布从石壁披挂而下，流到底下的熊跑溪。考夫曼夫妇的原始构想是，人坐在屋里能欣赏对面的瀑布。但赖特的想法从一开始就不同；他想把房子直接盖在瀑布上。赖特建好房子并命名为"落水"（fallingwater）。"落水"成为精彩的点题。落水别墅与环境结合得十分紧密，水从房子下方流过，房子坐落在瀑布之上，加之建筑设计得十分成功，它成为世界上最美丽的别墅。落水别墅是典型的风景建筑，把建筑与自然风景结合得十分完美。

落水别墅

　　园林建筑在选址之时，还要注重细节，要珍视一切富于趣味的自然景物，因为在园林建筑中，一砖一瓦易得，一树一石、清泉溪涧却是十分难能可贵的构景元素，应尽量把这些元素纳入建筑的构图画面，使它们成为建筑的有益补充。园林建筑的选址不能等同于城市建筑的选址。城市建筑一般要求建在平地上，园林建筑则要随地势之高下，形成自身的特色。

　　布局是园林建筑的中心问题。有了好的立意和基址条件却布局凌乱，缺乏章法，仍然不能成为优秀的园林建筑。园林建筑布局要灵活多变，要适应地形和其他环境条件的变化，取得与环境的协调。要达到多样统一和在有限的空间内取得小中见大的艺术效果。

首先，要采取对比的手法。对比是达到多样统一生动协调的重要手段。缺乏对比的空间组合，往往容易流于平淡。对比是指把有明显差别的空间或其他建筑元素，通过互相衬托而突出各自的特点，主要是强调主从关系。园林建筑空间的对比包括体量、形状、色彩、质感、虚实、明暗以及建筑与自然景物的对比。

体量的对比，主要通过建筑体量大小的变化来实现，如以小体量建筑衬托大体量建筑，以较小的院落空间衬托较大的院落空间，以建筑的较小部分衬托建筑的较大部分。例如，北京颐和园的佛香阁建筑群，之所以成为统率全园的建筑群，不仅因为其位置处于构图中心，更因为其巨大的建筑体量与周围建筑的较小体量取得了对比关系，从而获得了突出的艺术效果。苏州博物馆的主体水面空间，亦因为其相对巨大的体量成为全博物馆院落空间的构图中心。

苏州博物馆新馆主庭院

形状的对比也比较常用。形状的对比既包括单体建筑之间的形状对比，又包括庭院空间的形状对比。例如：北京颐和园谐趣园的主体空间呈刀把形，空间的变化产生了比较强烈的对比关系；颐和园的西堤六桥各不相同，互相对比与衬托，形成了颐和园西堤变化的建筑形态；苏州拙政园的海棠亭采用五边形建筑平面，与周围的建筑取得了对比的效果。

色彩的对比是园林建筑的构成要素。"万绿丛中一点红"说的就是色彩对比的关系。园林建筑要取得醒目的效果，在色彩上应当与周围的环境拉开距离。例如，佛香阁的金黄色琉璃瓦和红色柱子门窗与绿色的万寿山背景拉开了色彩距离，一下子就突出在构图之中。建筑与周围的景物是主体与陪衬的关系。例如，云南石林望峰亭，建在峰林密集的怪石之巅，在形状、色彩上与石峰取得了强烈的对比，画面十分优美。

质感上的对比也很重要。苏州园林建筑的白粉墙和黛色的陶瓦在色彩和质感上形成了明显的对比，成为苏州园林的基本构成元素。江南水乡很多建筑都存在类似的色彩和质感对比，如浙江诸葛村的村舍建筑。

浙江诸葛村的粉墙黛瓦

其次，要采取空间渗透的手法。园林建筑的建筑群与建筑群之间、建筑与建筑之间、房间与房间之间、建筑与环境之间，既可以采用实隔的手法，使空间相对独立，又可以采用虚隔的手法，使空间互相渗透，形成丰富的层次。例如，颐和园的长廊，就是虚隔的建筑空间，通过长廊的分隔，前山之前的平地被分为两组空间，这两组空间隔而不断，长廊像一条长长的项链挂在前山的胸前。又如，颐和园乐寿堂西侧廊子上面设有漏窗，能将昆明湖的景色引入院内。园林建筑还常用曲折错落的设计获得空间层次的增加。例如，拙政园的小飞虹廊桥，增加了空间的层次和景深；沧浪亭的复廊通过引入园外水面的景色，增加了空间的层次。设计者还经常采取室内外空间互相渗透的手法增加园林建筑的层次和景深。例如，香山饭店庭院与饭店的房间之间，联系紧密，成为建筑与园林内外空间交融的范例。广州白天鹅宾馆，干脆将室内空间室外化，在中庭内设置了著名的"故乡水"景区，把园林空间引入建筑内部，使建筑里面有园林。

　　最后，要形成园林建筑的空间序列。类似文学作品情节设置的跌宕起伏，园林建筑也需要合理地组织空间序列。典型的园林建筑空间序列一般都是从起景开始，经过若干次的转折，达到高潮，最后面还有尾声。

香山饭店室内外空间通过空窗组织在一起

比例与尺度。推敲建筑的比例与尺度，是建筑美合乎功能要求的关键因素之一。这里的比例是指各个组成部分在尺度上的相互关系及各个部分与整体之间的关系。这里的尺度主要指建筑各个组成部分与人体为主的自然尺度的关系。功能、审美和环境是确定建筑尺度的基本依据。尺度是比例的基础，比例是尺度关系的进一步深化。园林建筑灵活多变，尺度变化很大。有的殿堂建筑，面积达到数百平方米，而小巧的亭子，有的只有三两平方米。同样是亭子，苏州怡园的螺髻亭很小巧，而颐和园的廓如亭号称我国园林中最大的亭子，能够容纳数百人在其中避雨。承德避暑山庄的园林建筑是模仿江南园林建筑而建的，尺度、比例比较自然、合宜，满足了人在其中活动的要求。而颐和园为了突出佛香阁的宏伟壮丽，采用了超人尺度的空间关系，营造出奉献给神的空间气氛。为了营造这种气氛，佛香阁建筑前面台阶的高度被抬高，不符合一般的台阶的尺度关系，使人向上攀登时感到困难，以突出佛香阁的奉献给神的神圣感。在园林中有超大的尺度，也有适当缩小的尺度。例如，苏州网师园殿春簃小院入口南侧的小巧的廊子，宽度只有70～80厘米，根本不符合今天建筑廊子的基本尺度——人向左右伸开两臂后的宽度，但是，在私家园林空间中，它已经能满足一人通行的基本要求，同时，它还使园林空间产生了"小中见大"的感受，这正是江南私家园林建筑的精彩之笔。而同样是廊子，颐和园的长廊有近2米宽。对于一般建筑，推敲建筑与人体工程学所需要的尺度关系也就可以了，但是对于园林建筑的尺度，除了推敲这些问题之外，还必须推敲建筑与环境尺度的关系，在很多场合，需要采用放大的尺度。例如，北海团城与琼华岛之间的大桥，就不能仅简单地满足通行的要求，而要同团城与琼华岛的尺度相协调，因此大桥采用了较大的尺度。要统率近3平方千米的颐和园，建筑的尺度就必须十分庞大，因此颐和园在建设过程中，拆掉了原来位于全园构图中心的大报恩延寿塔，改成用雄伟的佛香阁统率全园。园林建筑的比例不仅要考虑建筑本身的谐调与美，更要考虑建筑与环境之间的谐调与美。

园林建筑处在园林环境之中，与环境的结合尤为重要。它既要与山水等地形相结合，又要与道路、广场及园林植物相结合。与山水相结合的例子很多。例如，园林建筑的建构，要随山势之高下而起伏变化。北海濠濮间的爬山廊，随着山势起伏变化，由西侧大门向上爬升，至云岫厂和崇椒室的高点，再跌落至濠濮间，形成了丰富的空间起伏变化，艺术效果很好。通过地形的变化，造园者营造了濠濮间一组相对静谧独立的空间，和西门附近的太液池水面形成大小、动静的对比。北海琼华岛的建筑群，也随着山势的起伏而起伏，建筑借力山势而显得尤其高耸。正如乾隆皇帝在《塔山西面记》中所说："室之有高下，犹山之有曲折，水之有波澜。故水无波澜不致清，山无曲折不致灵，室无高下不致情。然室不能自为高下，故因山以构室者，其趣恒佳。"这段话说明了园林建筑与山水地形的关系。颐和园也是这样，位于万寿山前山不同位置的一组组建筑群，本来在平面上有严格的轴线对称关系，但是，因为山势的变化，所在高度的不同，所以，除了佛香阁—排云殿建筑群的轴线对称关系十分强烈以外，其他建筑群给人的感觉比较随山就势，但仔细观察的时候，仍然能够感受到强烈的轴线对称关系。这些建筑与山势的结合相对比较松散，更多地还是突出了原有的轴线对称关系。建筑与山势的结合，应从实际出发，区别不同的立地条件，不同的造园理念，以取得最佳造园效果为目的。园林建筑与水体相结合的实例也很多。例如，颐和园谐趣园的饮绿亭和对面的涵远堂隔水相望，亭子构筑在水中，而涵远堂位于地面上，为了营造亲近水体的效果，涵远堂前面设置了下沉的临水平台，使人能够与水面相亲近，获得近水楼台的感受。又如，杭州平湖秋月景点，有较大的平台伸入水中，使人有凌波之感。三潭印月岛中的开网亭，是一座三角亭，位于水面中央，由曲桥和岸边相连，建筑在水中，获得了美丽的倒影，很有趣味。北海的五龙亭，也位于水面之上，仿佛是浮动在水面上的建筑，对称地排开，中间的主亭采用表现"天圆地方"的圆形屋顶，并采用黄琉璃瓦绿剪边，艺术效果很好。现代园林建筑，和水体相结合的实例也很多。例如，一些建筑与水体共同构成"水院"，或者建筑本身就跨水而建，又或者建筑通过曲桥、汀步等与水面相连，获得建筑与水体交融的艺术效果。著名风景建筑落水别墅，干脆让溪流和瀑布从建筑的下面通过，造就了最美的建筑。建筑和道路及广场相结合的例子也很多。例如，苏州拙政园的海棠春坞，其附近的广场采用海棠花瓣形状的铺地，点明了建筑的主题。一般来说，园林建筑周围总是设有集散人流的小型广场，这在今天的园林建筑中仍然很多见。园林建筑与植物的结合就更为紧密了。一方面，植物的疏密开合，为建筑提供了不同的园林空间；另一方面，园林建筑与植物的紧密结合为建筑的审美提供了新的视角。例如，苏州园林中的窗景，大多都是植物或植物与山石共同构成的，在窗的对面，特意设置园林植物，形成框景的画面，使景窗成为建筑的眼睛。园林建筑周围的植物配置，必须考虑园林建筑成景的需要，需要采用相对规则的种植则采用相对规则的种植，需要采用自然式的种植则采用自然式的种植。植物配置既要以突出园林建筑的美和同园林建筑共同构成动人画面为目的，还要给园林建筑中的人提供良好的环境。要做到建筑之中有园林，园林之中也有建筑，建筑与园林交融。

某现代园林建筑

某现代亭子

第十章

园林植物及其配置应用

园林植物是指适用于园林绿化的植物。园林植物包括可以栽培观赏其姿态、花朵、果实、枝叶的植物，还包括在园林绿化中可以使用的其他植物，如经济植物、防护植物等。此外，在风景名胜区、森林公园、自然保护区、地质公园等自然植被中的植物，也可作为广义的园林植物。

根据应用的需要，园林植物分为木本园林植物、草本园林植物、藤本园林植物、地被园林植物及竹类园林植物。其中，木本园林植物又可分为乔木和灌木，而乔木中又包括大乔木和小乔木。此外，园林植物还包括蕨类植物、水生园林植物、多浆仙人掌类植物等。木本植物是有木质茎的植物；草本植物是有草质茎的植物，茎的地上部分在生长期终了时多枯死；藤本植物是有缠绕茎或攀援茎的植物，分为草本和木本两种，通常的藤本植物是指木本的藤本植物；地被植物也分为木本地被植物和草本地被植物两类。乔木是树干高大、主干和分枝有明显区别的木本植物；灌木是矮小而丛生，没有明显主干的木本植物。蕨类植物是植物的一大类，远古时多为高大树木，现代的多为草本，有根茎和叶子，茎有维管束，用孢子繁殖，生长在森林和山野的阴湿地带；水生植物是指生长在水中的植物，包括挺水植物、浮叶植物、漂浮植物、沉水植物；多肉和仙人掌类植物，是植物的重要一类，其茎肉质化，叶有的肉质化，有的退化为刺。

连翘（落叶花灌木，耿丽萍提供）

91

紫藤（落叶阔叶藤本植物）

仙人掌类多肉植物

金琥的观赏刺

木本园林植物包括针叶乔木、针叶灌木、阔叶乔木、阔叶灌木、阔叶藤本植物，此外，桫椤、苏铁等古老的子遗植物亦属于木本园林植物。上述木本园林植物的大类，又可分为落叶与常绿两大类型。

针叶乔木有常绿的，也有落叶的。常绿的针叶树，叶色浓绿或者灰绿，终年不凋，生长比较缓慢，寿命较长。这类植物多用于庄严肃穆的场所，如陵墓、寺庙等。例如，南京中山陵、北京毛主席纪念堂等，都采用常绿针叶乔木进行绿化。油松不落叶，树姿十分动人，长成后的大株油松的姿态往往给人以美的享受。北京颐和园万寿山后山的大油松，即是一例。北京的长安街天安门段，亦采用油松作为行道树。针叶乔木中的雪松、南洋杉、金松（日本金松）、巨杉（世界爷）和金钱松，被称为世界五大名树。落叶的针叶树生长相对快一些，秋季叶色变为黄色、棕黄色或红色，能给园林带来季相变化。例如，北京植物园樱桃沟中的水杉林，每到秋季，棕黄色的树叶倒影在水面上，十分美丽。针叶灌木是针叶树种中的矮生的种或品种、变种。在园林中，针叶灌木经常被作为绿篱和护坡植物使用，或者被装饰在林缘、路边等处。针叶灌木作为园林植物应用较为普遍。

银杏树林（阔叶落叶大乔木、秋色叶树种，耿丽萍提供）

93

　　阔叶乔木在园林植物中占绝大部分，裸子植物门中的银杏科和全部被子植物门的乔木都是阔叶乔木。阔叶乔木是叶子形状宽阔的乔木，区别于针叶乔木。中国的绝大多数园林树种都是阔叶树。我国南方大量种植的是常绿阔叶树，北方大量种植的是落叶阔叶树。许多阔叶乔木冠大荫浓，是庭院栽植的良好树种。一些阔叶乔木树姿非常优美，作为孤赏树效果很好。例如，杂种鹅掌楸，树叶呈马褂形状，被称为"马褂木"，树姿十分优美。又如，臭椿、千头椿、椴树、七叶树、悬铃木、元宝枫等，都是树姿优美的植物，很适合作为孤赏树或者丛植树，供人观赏。阔叶灌木在园林中应用也很广泛，这类植物较阔叶乔木低矮，接近视平线高度，适宜近距离观赏。大量种植的阔叶灌木大都是花灌木，有美丽的花朵、可观赏的果实或者枝叶。它们同乔木共同组成群落的时候，有利于复层植物群落的形成。这类植物，无论在园林中孤植、丛植、列植或者片植，都能取得良好的效果。例如，杭州西湖的苏堤，桃树柳树间种，获得了很动人的春色。杭州孤山的林缘线下，种植杜鹃花带，春天杜鹃花开放的时候，和上层的乔木共同构成了动人的植物景观。又如，北京前三门大街的隔离带，种植了白花碧桃，春天开花的时候，艳丽照人。北方秋冬季节，金银木的鲜红的果实也常常作为深秋初冬的植物景观供人观赏。

常绿针叶树与花坛的搭配（耿丽萍提供）

藤本植物因其攀缘的特性成为特殊的园林绿化材料，适合绿化墙面、花架等，形成立体绿化的格局。紫藤、凌霄等攀缘植物，有良好的绿化效果，花朵大而美丽。特别是紫藤，春天开花时节，满枝花朵，招蜂引蝶，欣赏价值很高。一些藤本植物，如地锦和常春藤，尽管没有美丽的花朵，但是叶子十分美丽，绿化效果也很好。尤其是地锦，秋季叶子变红，满墙红色，一派深秋景象。有些藤本植物如地锦，还能作为地被植物使用，起到保持水土的作用。藤本植物有些有攀附器官，可以自行攀缘，如地锦能依靠自身的吸盘向上攀附生长；有些必须靠人工辅助支撑才能向上生长，如紫藤必须依附藤萝架才能向上缠绕生长。

草本园林植物指狭义的花卉（广义的花卉包括木本观花植物）和草坪与地被植物，是园林植物中重要的一大类。草本园林植物通常依据其生活习性与生态习性进行分类，可以分为露地花卉、草坪与地被植物和温室花卉。露地花卉是指在室外自然条件下完成其生命周期的花卉，主要包括一、二年生草花，多年生草花（包括宿根草花和球根草花），水生花卉等。一年生草花是指在一年内完成发芽、生长、开花、结实、死亡的全部生命周期的草本花卉。二年生草花是指在二年内完成全部生命周期的草本花卉，多在秋天播种，翌年春夏开花。多年生草花的地下根茎连年生长，地上部分多年开花、结实。其中，宿根草花地下根或茎形态未变态，球根草花的地下根或茎发生变态，肥大成球状或块状。水生花卉是指生长发育在水中或沼泽中耐水湿的草本园林植物。水生花卉又分为挺水植物、浮叶植物、漂浮植物和沉水植物。草坪和地被植物是指低矮呈匍匐状，能够覆盖地面的园林植物。温室花卉是指在露地不能过冬，必须温室栽培的花卉。

大丽花（宿根花卉）　　　　　　　　　　醉蝶花（一年生草本花卉）

荷花（多年生水生挺水花卉）

观赏葱（宿根花卉）

　　园林植物怎样命名？植物命名法则规定，植物的学名采用拉丁文命名，又称"双名法"。双名法是指用两个拉丁文词语或拉丁化的词语给每种植物命名的方法。第一个词是属名，用名词且第一个字母大写，第二个词是种加词（种名或者种区别词），一般用形容词，少数为名词，且第一个字母要小写，它们共同组成国际通用的科学名称，也就是学名。一个完整的学名，还要在其后加上命名人的姓氏缩写。此外，还应加上亚种、变种、变型等。每一种园林植物的中文名称可以有一个或者多个，但拉丁学名只有唯一的一个，所以拉丁名是最科学的命名系统。之所以选用拉丁文为植物命名，是因为拉丁文是一门"死亡"了的语言，不会产生歧义。

八角金盘（观果植物）

柿子（观果植物）

按照园林植物的用途及栽培方式所进行的分类，在应用时往往不够方便，所以在很多时候，园林植物还可以根据其观赏特征进行分类，这种分类有时会有所交叉。例如，一种植物既有美丽的花，又有美丽的果实，就会产生分类上的交叉，它既属于观花植物，又属于观果植物。根据观赏特征，可以将园林植物分为观姿态植物、观花植物、观叶植物、观果植物、观茎干植物、观芽植物、观根植物和草坪及地被植物。观姿态植物是指其整体姿态具有审美价值的植物。观花植物是指以花朵作为主要欣赏对象的植物，这里的花朵包括花瓣、花蕊、花萼、花托、花柄甚至苞片。观花植物的花期为这类园林植物的最佳观赏期，且以花朵的大、艳丽、奇特为主要观赏特征。观叶植物是指以叶片的形、色、态及植物株形为主要欣赏对象的植物，叶的形、色、态以奇特、美丽

菠萝蜜（观果植物）

为佳。观果植物是指其果实在形态、质感、色彩、纹理、韵律等方面具有美感的植物。观茎干植物是指其茎干具有美感的植物。观芽植物是指其芽有明显审美价值的植物。观根植物是指根系美丽且外露的植物。

栾树（观叶植物）

洋子苏（观叶植物）

　　掌握园林植物的目的是为了应用。在园林中，该怎样配置植物呢？配置园林植物，既要考虑植物之间的搭配，又要考虑植物与山水、建筑、园路的搭配。植物配置可分为规则式种植与自然式种植两大类。规则式种植，是指采用规格一致的植物种类，按照一定的几何图形进行种植。在规则式种植中，又分为对植、列植、中心植、环植等形式。对植是指左右对称地种植植物的形式，它能产生对称呼应的效果。列植是指植物以固定的株行距呈单行或多行的行列式种植，多见于行道树、园道树、绿篱、林带等。中心植是指在广场、花坛等的中心点种植单株或单丛植物的形式。环植是指按一定株距把植物种植为环形的方式。自然的山岭冈阜、河流溪涧附近的植物群落，具有天然的植物组成和自然植物景观，是自然式植物配置的艺术创作源泉。中国古典园林和多数的现代公园、风景区、森林公园、自然保护区、地质公园，通常都采用自然式植物配置方式。自然式园林植物配置的主要手法有孤植、丛植、群植和林植几类。孤植也叫单株孤立种植。丛植指若干同种或异种植物以不等距的方式种植在一起，形成一个植物丛。群植的规模较丛植为大，是以一两种乔木为主体，与数种其他乔木或灌木搭配，组成较大面积的植物群体。林植是更大规模的成片成带种植方式，是森林概念在园林中的应用。自然式种植的基本法则是三角形法则。

　　无论采取哪种种植方式，也无论在园林局部环境中，是以植物为主景，还是以建筑或者其他园林要素为主景，在植物种类的选择、数量的确定、位置的安排和方式的采用上，都应当强调突出表现的主体，做到主次分明，以形成一

花坛（耿丽萍提供）

定的园林景观。要采用对比和衬托的手法，利用植物不同的形态特征，通过高低、疏密、姿态、色彩、质感、叶形叶色和花形花色的对比，表现园林的艺术构思，形成美的植物景观。要采用动势和均衡的手法，利用植物的不同动势和姿态，形成美的画面。要讲究起伏和韵律，注意纵向轮廓线的变化，做到高低搭配，起伏有致，产生节奏和韵律，避免单调、呆板。要处理好层次、前景与背景的关系。为防止植物景观的单调，应当采用乔、灌、藤、草的复层植物配置，使不同花色、花期的植物分层配置，以使植物景观产生时序性变化。背景树一般应当高于前景树，色彩宜简洁大方，栽植密度宜大，色调宜与前景树拉开，以形成屏障，强化衬托效果。配置中应注意色彩和质感与春、夏、秋、冬季相的搭配，通过色彩和质感丰富的植物的干、叶、花、果的搭配，实现园林色彩和质感的丰富多变。

花卉在园林绿化中，有花坛、花境、花台等搭配形式。花坛是指在一定范围的具有不同几何轮廓的种植床内，按照规则式或半规则式的图案种植不同色彩的花卉，通过群体花卉的几何色块，表现图案纹样的种植形式。花坛可以分为花丛式花坛与模纹式花坛两种。花丛式花坛又称盛花花坛，由一种或几种花卉组成群体，以盛开的花朵的华丽色彩为构图主体，一般为矩形或带状，图案力求简洁。模纹式花坛又称镶嵌花坛，以不同色彩的观叶和观花植物组成群体，表现一定的装饰图案美。人们欣赏花坛时的视域以30°～60°为佳，因此，复杂图案的花坛不宜过大，简单图案的花坛边长不宜超过20米，在适当的时候和可能的条件下，最好为花坛的欣赏者提供俯视视点。花坛所用的草花应当植株整齐，花朵繁茂，花期长且色彩鲜明，并且最好是矮生品种。花境是指以多年生花卉和灌木为主组成的带状种植形式，往往是根据自然风景中的林缘野生花卉自然分布生长规律加以提炼而形成的。花境一般是沿长轴方向展开的，构图连续，内部的种植则采用自然式的，总体上是自然式与规则式的结合，或被称为半自然式。一般来说，花境中有一种主要的花卉，在构图和色彩上有主调、配调与基调之分，立面有高低起伏，边缘有镶边植物，以形成半自然式的连续景观。花境可分为灌木花境、多年生花卉花境、专类植物花境。依观赏面的不同，花境又分为单面观赏花境和双面观赏花境。花台又称高设花坛，是指将花卉种植在高出地面的种植床上而形成的花卉景观。种植床一般高出地面50～80厘米，亦可逐级形成叠落，但最高一层种植床上种植植株之后的高度不应超过1.6米，也就是不应超过人们视平线的高度。种植床四周可用砖石或山石散点砌筑。

花坛和花境的组合（耿丽萍提供）

　　草坪和绿篱也是园林植物应用的常见形式。草坪是指城市园林中以栽植禾本科草坪植物为主体并经常修剪的毯状绿地。绿篱是指由灌木或小乔木单行或双行沿直线或曲线等距离密植的规则树丛带。当绿篱高度超过1.6米，也就是超过人们的视平线高度时，称为绿墙。绿篱一般均采用常绿植物材料。在园林绿地内部，常用绿篱分隔空间，或作为雕塑、小品、喷泉的背景，或作为挡土墙、建筑基础的美化材料。矮一些的绿篱可以作为花坛、花境、观赏草坪的花纹图案与镶边材料。

　　中国对世界园林植物有很大的贡献。中国幅员辽阔，自然生态环境复杂，有近30 000种高等植物，其中乔灌木约8 000种，形成了世界上最大的植物种质资源库。中国还有很多特有的珍贵子遗植物，银杏、水杉、珙桐等著名的植物，原产地都在中国。

　　中国传统园林中的花木配置，采用自然风景式配置方式，在运用花木点明主题上，有很高的造诣，取得了很高的艺术成就。

　　中国园林的植物搭配与构图很美，有很高的美学成就，形成了与西方不同的植物配置形式。

第十一章

中国名花欣赏及应用

中国幅员辽阔，气候类型多样，植物资源十分丰富。目前全世界已知有花植物27万种，中国约有十分之一。丰富的花卉资源，使中国成为多种名花的故乡。

中国在名花的栽培过程中，通过长期不懈的选育，创造了大量的栽培品种。由于花卉资源的优势，中国被称为"世界园林之母"。

中国花卉的栽培、欣赏及应用已经有7000余年的历史。浙江余姚河姆渡文化遗址里，有包括稻谷和花卉化石在内的出土物，说明我们的祖先不仅生产粮食，而且欣赏花卉。河南省三门峡市陕州区出土的距今5000余年的仰韶文化彩陶上，绘有由五出花瓣组成的花朵纹饰。通过有记载的历史的考证，中国的花卉事业始发于周，渐盛于汉、晋、南北朝时期，兴盛于隋、唐、宋，至明、清和民国而逐渐起伏停滞。

新中国成立以后，虽然经历了政治运动的负面影响，但总体上说，中国的花卉事业得到了较好的发展，特别是改革开放以后，进入了繁荣兴旺的时期。

1984年，中国园艺学会建议评选"中国十大传统名花"，经过海内外15万人投票推选和100位园林花卉专家及社会各方人士评定，最终选出中国十大传统名花——梅花、牡丹花、菊花、兰花、月季花、杜鹃花、山茶花、荷花、桂花和水仙花。

在严寒的冬季，大雪纷飞，百花皆已凋零，只有梅花傲然挺立于风雪之中，绽放出生命的艳丽。我国观赏和园林应用梅花的兴起，大致始于汉初的上林苑。至南北朝和隋、唐，艺梅、咏梅之风渐盛。宋、元时期，艺梅技艺大有提高，花色品种显著增多。北宋艺梅名家林逋隐居杭州孤山，植梅放鹤，号称"梅妻鹤子"，写出了"疏影横斜水清浅，暗香浮动月黄昏"的著名的咏梅诗句。南宋范成大所著《梅谱》是世界上第一部艺梅专著。明、清时，艺梅的水平继续提高。民国时期，梅花被定为国花。新中国成立后，随着毛泽东主席的《卜算子·咏梅》一词的广为人知，梅花也成为极富拟人意味的花卉。外国栽植梅花的不多，只有日本艺梅之风较盛。中国梅花现在有三个品系；真梅系、杏梅系和樱李梅系。真梅系品种多且富于变化，分为直枝类、垂枝类和龙游类。直枝梅是中国梅花中最常见、品种最多的一类，按照花型、花色、萼色等又分为七型：江梅型、宫粉型、玉蝶型、朱砂型、绿萼型、洒金型和黄香型。垂枝梅和龙游梅是枝姿奇特、富有韵味的两类梅花，垂枝梅枝垂如垂柳，龙游梅枝扭曲如龙桑。杏梅系有较好的耐寒能力，最北能在北京生长。梅花的园林配置，可用孤植、丛植、群植、林植等方式。最好用深色植物作为背景，以衬托梅花的花韵枝姿。梅花的品种中以"绿萼"

梅花（绿萼）

为最佳，花白似雪，萼片碧绿；"骨红"次之，花红似火，傲冰雪；"宫粉"再次之。

　　牡丹是中国特产的名花。牡丹品种多，花朵姿态美，大而艳丽，富丽堂皇，号称"国色天香"。长期以来，中国人民把牡丹作为幸福、美好、繁荣昌盛的象征。牡丹色、姿、香、韵俱佳，花繁叶茂。古时候，在很长一段时间里，牡丹与芍药混称，直到秦、汉时期，才与芍药渐渐分别，被称作"木芍药"。约在南北朝时期，牡丹始作为观赏植物栽培，至今已经有1500多年的历史了。到了唐代，牡丹开始兴盛起来，在"纸贵"的长安城，诗人白居易慨叹"花开花落二十日，一城之人皆若狂"。其实，在白居易之前，在兴庆宫的深宫之中，唐玄宗李隆基和贵妃杨玉环也颇为这牡丹花痴狂，沉香木修造的亭子周围，尽是盛开的牡丹花。作为玄宗御用文人，却已深深感到宫廷人性压抑的李白写下了"名花倾国两相欢，常得君王带笑看。解释春风无限恨，沉香亭北倚栏杆"的不朽诗句。至宋代，牡丹的品种更加丰富起来，而且有了关于牡丹的专著。此后，牡丹在黄河中下游地区兴起，品种也空前增多。

牡丹花

牡丹花的富贵之美，与中国文人的审美倾向并不符合。中国文人向来偏爱素雅恬淡之美。他们更欣赏梅、兰、竹、菊之类的植物，并以它们来比喻自己的人格。他们更强调人的气节，而牡丹花的媚态，在他们看来是对富贵和权力的附庸。因此，画牡丹很难成为写意花鸟画的大师。但是，牡丹之美在现代社会越来越多地被人们认同，每到牡丹花开放的时候，观者如云。

菊花是梅、兰、竹、菊四君子之一，因其傲霜雪、不趋炎热的品格深得中国传统文化的认同，并被文人作为自身品格的象征。中国人有重阳节赏菊和饮菊花酒的习俗。秋季菊花盛开，赏菊、食蟹成为节令盛事。在古代神话传说中，菊花还被赋予了吉祥、长寿的含义。菊花也是世界四大切花（菊花、月季、康乃馨、唐菖蒲）中产量最高的一种。菊花的品种有数千种之多，目前每年还有大量新品种产生。菊花花朵大而美丽，色彩丰富。菊花在我国有悠久的栽培历史。在2500年前的古籍中，就已经有关于菊花的记载了。屈原在《楚辞·离骚》中说："朝饮木兰之坠露兮，夕餐秋菊之落英。"晋代时，人们已经开始栽培菊花来观赏。陶渊明的"采菊东篱下，悠然见南山"的名句，说明当时菊花已经在田园栽种。唐代时，菊花的花色已经开始丰富起来了，不仅栽培的品种增多，而且栽培已经较为普遍。宋代时，艺菊的专著相继问世。菊花是经长期人工选择培育的名贵观赏花卉。公元8世纪前后，作为观赏的菊花由中国传至日本。17世纪末，中国菊花被引入欧洲。19世纪中期，中国菊花被引入北美。此后，中国菊花遍及全球。菊花依栽培方式可分为盆栽菊、地被菊、切花菊、造型菊（艺菊）四大类。盆栽菊（盆菊）分为独本菊（品种菊、标本菊）、多本菊（多头菊、多头品种菊）、案头菊、大立菊（立菊）、悬崖菊、塔菊等。

菊花

全世界兰科植物有700余属两万余种。我国一般把兰花分为中国兰和洋兰两大类。狭义的兰花仅指中国兰，广义的兰花则包括中国兰和洋兰。自古以来，我国人民爱兰、咏兰、画兰，欣赏兰花的幽远芳香和婀娜多姿，尤其欣赏兰花的不凡气质与品格——甘愿与草木为伍，不与百花争艳，不畏霜雪严寒。传统意义上的中国兰，仅指兰科兰属植物中的地生种类，即常在我国栽培的春兰、蕙兰、建兰、寒兰、墨兰等。2000多年前的孔子说"芝兰生于深林，不以无人而不芳"，赞美了兰花的孤傲性格和刚毅品格。春秋末期，越王勾践已在浙江绍兴的诸山植兰。魏晋以后，兰花已经用于点缀庭园。唐宋以后，植兰已经比较普遍。尤其是南宋迁都杭州以后，政治中心迁移到春兰、蕙兰、寒兰分布中心的江浙地区，养兰之风日盛。此后，我国出现了大量的关于兰花的专著，兰花的栽培不断发展。到了现代，对中国兰花的艺养，不仅艺花，而且艺叶。艺叶就是将叶子作为欣赏的主要对象。

中国兰花

中国兰有很高的美学价值，并在艺养与欣赏的过程中逐渐形成了一种特有的兰文化。兰花洒脱的风姿和清高雅洁的神韵，象征中国传统知识分子清高飘逸的性格。文人画更是把画兰花作为重要的题材。南宋的赵孟坚是宋代宗室，元灭宋后，他所画的兰花皆露根而不带土，表达了他身为宋室成员不附庸于元的气节。清代的郑板桥一生只画兰、竹。他笔下的兰花与竹、石为伴，竹、石虽瘦，有傲骨；兰虽弱，而魂秀。《珍珠船》一书说："世称三友，竹有节而啬花，梅有花而啬叶，松有叶而啬香，惟兰独并有之。"董必武赞扬兰花有四清：气清、色清、神清、韵清。对中国兰花的鉴赏应从以下三个方面进行。一是赏花色，以纯净的亮绿色为佳，黄绿色次之。花萼、花瓣上不见任何脉纹的"素心"是兰花中的极品。二是赏兰香，以清香者为佳。三是赏花姿，以疏影横斜为佳。以春兰为例，花萼的形状可以分为梅瓣、荷瓣、水仙瓣、竹叶瓣，它们各有各的欣赏价值。从主萼片和两片侧萼片的搭配关系来分，兰花可以分为一字肩、飞肩、落肩、大落肩，其中以飞肩和一字肩为上品。

月季是"花中皇后"，花期长，花朵大而优美，花色繁多，是著名的切花材料。月季花也可以露地种植，成为月季园。现代月季身上流淌着中国月季和欧洲多种蔷薇的血液，国外的园艺学家将这些月季统称为 *Rosa*。月季、玫瑰和蔷薇，西方国家多用rose统称，常被译为"玫瑰"。在中国，这三者既有区别又有联系。从植物分类学意义上来说，月季花（*Rosa chinensis*）、香水月季（*Rosa odorata*）、玫瑰（*Rosa rugosa*）、蔷薇（*Rosa sp.*）等是指蔷薇属（*Rosa*）150余种植物中的不同种。但是，我们现在见到的月季，绝大多数是1867年之后利用中国的月季花、法国的玫瑰以及其他国家的蔷薇，经反复杂交以后育成的可以四季开花的一个观赏类群，国际上称为现代月季（modernrose）。而1867年以前的月季则称为古老月季。现代月季大致分为六大类：杂种香水月季、丰花月季、壮花月季、微型月季、藤本月季和灌木月季。月季具有很高的观赏价值，经常被用于园林布置、切花等。月季作为切花有悠久的历史。它花枝长，花朵大而艳丽，花型美观，花瓣厚硬，作为插花材料有很好的艺术效果。月季花象征着爱情，是情人之间相送的代表美好祝福的花卉。

月季花

　　杜鹃花是十分美丽的木本花卉。每年的早春到春夏之交，正是各种杜鹃花盛开的季节。杜鹃花绽放的时候，花团锦簇，色彩斑斓，带来了盎然的生机。杜鹃花是杜鹃科杜鹃属植物，为常绿、半常绿或落叶植物，全世界约有1000个栽培品种，我国约有600个。杜鹃种类繁多，最高的高可达25米，最矮的高仅10厘米。杜鹃花按照品种可以分为中国杜鹃、日本杜鹃和西洋杜鹃；按照花期，可以分为春鹃、夏鹃和春夏鹃。杜鹃花的花朵有喇叭、漏斗、口笑、牡丹、月季等类型，其中又可细分为单瓣、复瓣和重瓣，以及各种皱边、卷边等。杜鹃花的花色分为红、黄、白、橙、青莲以及红、白相间等复色，其中以红色最多。我国云南省是野生杜鹃的宝库，有杜鹃近300种。北方也有野生的杜鹃，如北京的照山白和迎红杜鹃，都是落叶杜鹃，但春季开花非常优美。中国目前栽培的杜鹃花园艺品种有200～300个，分属东鹃、毛鹃、西鹃、夏鹃四个类型。中国传统文化认为红色杜鹃"疑是口中血，滴成枝上花"，于是杜鹃花、杜鹃鸟都成了思乡怀旧的代表物。杜鹃花花繁叶茂，绮丽多姿，萌发力强，耐修剪，根桩奇特，是优良的盆景材料。杜鹃花宜在林缘、溪边、池畔及岩石旁成丛成片栽植，也可于疏林下散植。杜鹃是做花篱的良好材料，毛鹃还可经修剪培育成各种形态。园林中的杜鹃专类花园极具特色；在花季，绽放的花朵给人热闹而喧腾的感觉；不在花季，深绿色的叶片十分浓密，显得冷静而沉寂。

杜鹃花

　　山茶花属于山茶科山茶属。山茶花自古以来就是我国人民十分喜爱的花卉，栽培历史十分悠久，早在隋、唐时期，就由野生进入栽培状态。宋代栽培山茶花之风十分盛行。明、清时，已有关于山茶花的专著问世。新中国成立以后，山茶花的栽培更是进入了一个新的阶段。现在，世界上的山茶花品种已经有1000多个，花色以红、白、粉色为主。近年在我国广西发现的金花茶，更是轰动世界园艺界。17世纪，西方旅行者回欧洲时，将山茶花的标本带回欧洲；18世纪，又将山茶花引种到欧洲大陆、英国和美国。山茶花之所以成为名花，是因为其具

山茶花（贾麦娥摄）

有动人的色、香、姿、韵，同时，还因为其悠久的栽培历史和花文化。山茶花依其花瓣的不同，可分成单瓣类、半重瓣类和重瓣类，每类下又有多种类型；按照其花色的不同，可分为银红色、桃红色、艳红色、紫红色、红白相间、白色带红晕等；按照花期迟早，还可分为早花品种、中花品种和晚花品种。山茶花在园林中应用十分广泛，既可以栽植于庭园，又可盆栽，还是良好的切花材料。

荷花香远益清，色泽清丽，"出淤泥而不染，濯清涟而不妖"，品格高洁，被誉为花中君子，自古至今一直受到文人墨客的喜爱。荷花是睡莲科莲属植物，本属仅有两种植物：中国莲和美国莲。中国栽培荷花很早，至少可以上溯到距今2700多年的西周后期。据统计，荷花的别称、雅号达80余个。目前我国的荷花品种已经达到数百个。荷花与佛教有千丝万缕的联系，佛教两大宗之一的大乘佛教，用荷花做佛像宝座。佛教认为荷花从淤泥中长出，却不被淤泥污染，又非常香洁，喻菩萨在生死烦恼中出生，又从生死烦恼中解脱。荷花的花朵十分美丽，花瓣大而有神。花瓣中间的莲蓬，在花朵刚刚开放时鲜嫩动人，在花凋谢后又结有莲子，姿态扶疏。欣赏荷花，要欣赏荷花的个体美，也就是欣赏每一朵花的美丽，更要欣赏

荷花

荷塘中绿叶鲜花的群体美。朝霞中，夕阳下，荷花扶疏摇曳的姿态，映衬在霞光里。雨后，叶面上滚动的水珠，像一颗颗珍珠被撒在叶面上。夜晚，荷塘的阵阵蛙声，与月光下的荷花，构成了动人的景象。碗莲是中国荷花的独特的栽培种类，即将荷花栽植在小小的瓷碗中，让荷花在这碗中开花、结果，成为袖珍的盆景。荷花的花朵、叶子和根茎——莲藕都有用途，全株都散发出一种深沉的美。

桂花（金桂）

桂花是中国传统名花中不甚美丽的那一种，却因为香气四溢又在中秋赏月时开放，而备受中国人的喜爱。每当中秋时节，杭州的赏桂花圣地——西湖一隅的满觉陇上，游人如织。满山的老桂花树，花满枝头。桂花花朵很小，还没有米粒大，一簇簇从叶腋处生长出来。这看上去不起眼的花朵，却能散发出"桂子月中落，天香云外飘"的香气来。中秋之夜，在庭院中赏月的时候，桂花沁人心脾的香气在夜色中显得更加浓重。砍树的吴刚不曾捧出桂花酒，家中的桂花酒却酿得香醇无比。"寂寞嫦娥舒广袖"，令这桂花的香气也带上了寂寞的色彩。江南园林中以桂花为题材的建筑与景观很多。扬州个园中的宜雨轩，因为周围遍植桂花，被人们称作"桂花厅"。苏州留园中则有闻木樨香轩，"木樨"是古人对桂花的别称。总之，桂花是花卉中最有文化韵味的一种。

水仙花是中国名花中独特的一种，栽培的是花的鳞茎。每当春节来临，盘中的水仙花绽放着高洁素雅的花朵，散发着沁人心脾的清香，也报告了新年春天的来临。水仙花的花瓣是洁白的，晶莹而温润，美丽而不张扬。中国水仙花可以分为两类：金盏银台和玉玲珑。水仙在我国已经有1000多年的栽培历史，其婀娜的长叶，扶疏的花姿，仿佛凌波仙子，从水面上飘来。

水仙花

实例篇

千般寓意，万种风情

　　园林容身也容情。当我们欣赏园林的时候，看的是什么？它们各有出身，各有所长，各具特色；或直白，或含蓄；或豪放，或婉约；或大气磅礴，或细致精巧。欣赏园林，就是解读亭、台、楼、阁背后隐藏着的理想、情怀、寓意，达到醉身其中、触景生情的境界。

第十二章

颐和园

颐和园位于北京西郊，是中国清代的皇家园林。颐和园占地约3平方千米，是以昆明湖、万寿山为基址，汲取江南园林营造手法建设的一座大型山水园林。

北京西北郊有一处名叫瓮山泊，又称大泊湖、西湖的地方。湖的北侧有山峰名叫"瓮山"，为燕山余脉。金贞元元年（1153年）金主完颜亮在这里设置金山行宫。元代定都大都后，为了接济漕运，由郭守敬主持开辟瓮山泊上游水源，引昌平白浮村神山泉水注入瓮山泊，使它成为大都的重要蓄水设施。明弘治七年（1494年），明孝宗乳母助圣夫人罗氏在瓮山前建圆静寺。此后，瓮山周围的园林逐渐增多。明武宗在湖滨修建行宫"好山园"。清乾隆十五年（1750年），乾隆皇帝以治理京西水系为由下令拓展瓮山泊水面，拦截西山、玉泉山、寿安山来水，又在玉泉山附近的湖边开挖高水湖和养水湖，并以此三湖作为蓄水库来保证西郊宫廷园林用水。乾隆皇帝因汉武帝挖掘昆明湖操练水军的典故，将湖更名为昆明湖，并将挖掘出的土方堆在湖北侧的瓮山东麓，改瓮山名为万寿山。水利工程完成后，乾隆又营造园林，至乾隆二十九年（1764年），建成清漪园。清漪园延续了中国皇家园林"一池三山"的造园传统，在昆明湖及西侧的两处湖面上建设三岛南湖岛、藻鉴堂岛和治镜阁岛，以比喻海上三座仙岛蓬莱、方丈和瀛洲。清漪园以杭州西湖为蓝本建设，同时，仿造了江南著名的园林及山水名胜。园内的主体建筑为大报恩延寿寺塔。后来因为该塔将倾覆，塔被拆除改建为佛香阁。清漪园鼎盛时期，规模宏大，园内建筑以佛香阁为中心，有百余座，3 000多间，面积70 000多平方米。道光年后，清漪园逐渐荒废。1860年，清漪园被英法联军大火烧毁。后又由光绪帝下令重建，恢复了前山建筑群，为慈禧太后休养所用，并改名颐和园。光绪二十六年（1900年），颐和园又遭八国联军破坏，1902年修复。1928年，颐和园被辟为公园对外开放。

清漪园是清代皇家园林鼎盛时期的作品，代表了清代皇家园林的最高营造成就。虽然它的规模不如承德避暑山庄和圆明三园，但是它与自然山水空间的完美结合，一气呵成的壮美构思，总体上具有的完整性和连贯性，是另外两座园林所不能与之媲美的。尽管经历了清代末年的兵燹，颐和园比起清漪园时期，在规模上已经有所缩小，也没有清漪园时期那样完整了，但是其艺术成就依然高居清代皇家园林之首。

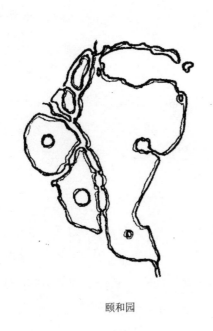

颐和园

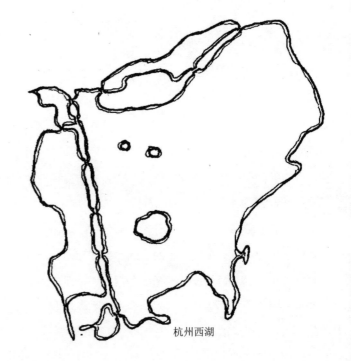

杭州西湖

颐和园与杭州西湖比较

　　颐和园的总体布局，是大手笔的布局。从皇家园林之间相互呼应的角度看，颐和园和西侧的玉泉山静明园形成了景观视廊，并与更远处的香山静宜园遥相呼应，东侧则与畅春园和圆明三园形成呼应。大的空间关系确定之后，全园围绕着万寿山展开。万寿山之南，是烟波浩渺的昆明湖；万寿山之北，是曲折幽深的后湖。万寿山本身也被分为前山和后山两个部分。整个颐和园借此被分为三个区：宫廷区、前山前湖景区和后山后湖景区。清漪园在建园之初，即对原有的自然地形进行了全面的整理，新开凿的水面面积大约为原西湖面积的一倍，挖湖的同时，对万寿山的山形也进行了整理。这一整理，就改善了原来西湖与万寿山之间环抱不够紧密、山水之间若即若离的天然缺陷，形成了山水环抱的湖山关系，从而为进一步建园提供了优良的山水骨架。造园者在改造万寿山的过程中，有意使东侧的山体折向南部，令山水有互嵌之感；在改造水体的过程中，将水面延伸至万寿山下，使前山完全濒临前湖，获得了十分壮美的视野。水体改造后，水来自乾方（西北方）出自巽方（东南方），山居于坎方（北方）或艮方（东北方），完全符合山水的风水要求，还顺应了西北高、东南低的地势。经过整理的水系，把长河和玉河连贯起来，形成了一条12千米长的水上游览廊道。从西直门外的高梁桥上船，可以一直驶到清漪园的码头。

园内宫廷区面积很小，只占整个颐和园用地的0.33%，不足10 000平方米，却居于湖山交会的枢纽部位，无论泛舟还是游山，都很方便。其中的仁寿殿是慈禧处理朝政的地方，建筑为典型的清代官式建筑。

前山前湖景区是整个颐和园的主体景区，占全园总面积的近九成。前山是万寿山的南麓，山高约60米，东西长约1 000米，南北最大进深120米。前山的中部，耸立着全园的

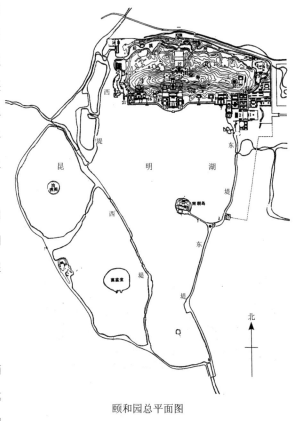

颐和园总平面图

主体建筑——佛香阁。佛香阁与排云殿、智慧海共同构成前山的南北中轴线。佛香阁所在的台层，为半山的石砌高台，边长45米，高约42米。台基之上，原来修建的是一座九层的佛塔——"延寿塔"，这是乾隆皇帝第一次南巡时看到巍峨壮观的杭州开化寺六和塔，归来后按其形制仿建的。但塔将近完工的时候，突然发现有即将坍塌的迹象，遂全部拆除，并在塔址上修建了一座平面呈八角形，外檐四层、内檐三层，屋顶为八角攒尖顶的楼阁，也就是著名的"佛香阁"。这一拆一建，确实大大改变了颐和园全山核心部位的风貌。试想，如果是一座高塔，则无法在体量上统率全园，而改建为佛香阁后，大大地改善了前山前湖的构图关系，使佛香阁建筑群在体量上、色彩上、高度上、形态上都能统率全园。此外，在中轴线两侧，尚分布若干次要轴线建筑群。前山前湖景区共有建筑群25处，单体建筑18处。万寿山之南，临湖的平坦地带，有一条总共273间，全长728米的长

廊，是我国古代园林中最长的廊子。廊子像一条长长的项链，悬挂于万寿山的胸前，改变了山前空间的单调、突兀的感受。长廊之南、栏杆之外，就是烟波浩渺的昆明湖了。

昆明湖是我国清代皇家园林中最大的水面，湖面南北长1 930米，东西最宽处1 600米，被长堤划分为三个主要水面：南湖、下西湖和上西湖。水面依然延续了"一池三山"的布局传统，共设置了三座主要岛屿，南湖岛、藻鉴堂和治镜阁。但是，三座岛屿不是位于同一水面的，而是分别位于南湖和下西湖、上西湖内。此外，尚有三座小岛凤凰墩、知春亭和小西泠。特别是凤凰墩小岛，位于南侧水面将尽之处，岛屿体量较小，突出了透视的消失感，让人觉得昆明湖的水面比实际的更大。前湖极其开阔壮丽，视线延伸得很远。

前山前湖景区水面面积227万平方米，岛堤9.3万平方米，山地11万平方米，平地7.5万平方米，是一个以佛香阁为核心景观的、有着广阔湖面的大景区。

颐和园仁寿殿细部

后山后湖景区主要是后山的山体，也就是万寿山的北坡景区。北坡较南坡坡度稍缓，两条山涧——东桃花沟和西桃花沟，再加上北山与后宫墙之间的一条后溪河，也就是后湖，就形成了后山后湖的基本架构。后山的中轴线并没有完全延续前山的排云殿—佛香阁—智慧海中轴线，而是向东移动了48米。中轴线上坐落着"须弥灵境"一大组建筑群。这条轴线一直延伸到北门。

后溪河曲曲折折，给人"山重水复疑无路，柳暗花明又一村"的空间感受。后溪河的中段，是著名的买卖街，俗称"苏州街"。当时有宫女、太监扮成买卖街上的各色人等，博取到此逛街的皇室成员的一乐。

后山后湖景区是一个山环水抱的景区，占地24万平方米，其中山地19.3万平方米，其余为水面及平地。

后山建筑群

后山的高大台阶突出了宗教建筑的高耸感

后湖苏州街一隅

规模宏大的一组组建筑群，作为体现皇权至高无上思想的重要载体，在清漪园中被修建了起来。清漪园万寿山前山中央部分，就是巍峨壮丽的建筑集群。其中，在前山的南北中轴线上，布置了大报恩延寿寺一组建筑群。这组建筑群逐层抬升，以"云辉玉宇"等三座牌坊作为起景，以宏伟壮丽的佛香阁作为高潮，以智慧海作为尾声。排云殿、佛香阁、智慧海共同构成这条南北主中轴线。西侧的宝云阁和清华轩，东侧的转轮藏和介寿堂分别构成西部两条和东部两条次轴线。这一大组建筑群，形成了总体规划上前山庞大的景点集群的核心部分，对于整个前山前湖的成景，起到了核心作用。尤其是佛香阁，作为全园的主体建筑，坐落在42米高的高台上，整个建筑十分高大宏伟且不失敦厚，建筑的重檐屋顶，大大高于万寿山的山顶，成为突出的建筑景观。建筑的形态、色彩、体量十分突出，成为图形，郁郁葱葱的万寿山和蔚蓝色的天空成为佛香阁的背景。佛香阁，是中国现存园林建筑中体量最大的一座楼阁。也只有如此辉煌壮丽的楼阁，才能当之无愧地统率颐和园的建筑和园林。佛香阁建筑群不仅有成景的作用，还有得景的作用，站在佛香阁上眺望昆明湖和西山，开阔的风景无与伦比。原先，清漪园东侧的万顷田畴，被佛香阁建筑群恰到好处地借入园中。由于北京城城市的向西蔓延，目前，已经"高楼压园"，大大破坏了园林的外部环境。佛香阁南侧，以南湖中的岛屿南湖岛和岛上的建筑群作为对景，存在略微错位的轴线对位关系，被称为"拟轴线"。

高楼压园的颐和园东部天际线

此外，园中精彩的园林建筑群当属谐趣园。谐趣园是模仿无锡寄畅园修建的一组自然山水式园中园。谐趣园在清漪园时期称为"惠山园"。乾隆十六年（1751年），乾隆皇帝南巡，很欣赏当时无锡惠山下的寄畅园，遂命画工摹写，仿建于万寿山东麓。此后惠山园历经多次扩建，于嘉庆十六年（1811年），进行了一次规模较大的修葺，并取乾隆惠山园八景诗序中"一亭一径，足谐其趣"

之意，更名为谐趣园。咸丰十年（1860年），谐趣园被英法联军烧毁。光绪十四年（1888年），慈禧挪用海军经费重建。后再次遭八国联军破坏，后又重新进行维修。谐趣园的主体建筑是坐北朝南的涵远堂，南侧对面为饮绿亭和洗秋亭，东侧有湛清轩、兰亭、小有天圆亭、知春堂、澹碧和知鱼桥。饮绿亭和洗秋亭南侧有引镜和知春堂，西侧是宫门、澄爽斋和瞩新楼。园林既然是模仿江南的寄畅园修建的，虽然没有生搬硬套寄畅园的模式，是写意地模仿，也必然带有江南园林的某些特质。园林周围被围墙和山体环绕，形成了一个十分内向的空间。建筑环绕曲尺形的水池分布，以水池为中心构景。园林建筑存在明显的对位关系，视轴十分明确，轴线对位关系也很清晰，使建筑相互之间有机地联系起来。

面向涵远堂的饮绿亭

北侧的玉琴峡，仿照了寄畅园的八音涧，采用"借声"的手法，营造了声景。涵远堂北侧的景观，通过压缩视距的手法，突出山体的高耸感，取得了很好的效果。谐趣园的造园特色，主要有以下四点。一是巧妙利用了地形。谐趣园充分利用了地形条件的特色，因地制宜，并没有生搬硬套寄畅园的空间模式，而是形成了北部以山林为主和南部以水池为中心、建筑环绕的园林环境。二是内向空间布局与颐和园其他建筑的外向空间布局形成了对比。整座园林以建筑环绕水面，将视线集中在饮绿、洗秋两座亭子上，环境十分幽雅，空间上动静结合，以静为主。三是所有的建筑对位关系明确、清晰，视线关系处理得很好，建筑之间互为对景，构思精妙。四是充分利用自然环境，在真山之中缀以假山，得山水之妙趣，巧妙地形成了玉琴峡这一处声音景观。总之，谐趣园是清代皇家园林园中园的精品。

谐趣园知鱼桥

谐趣园澄爽斋

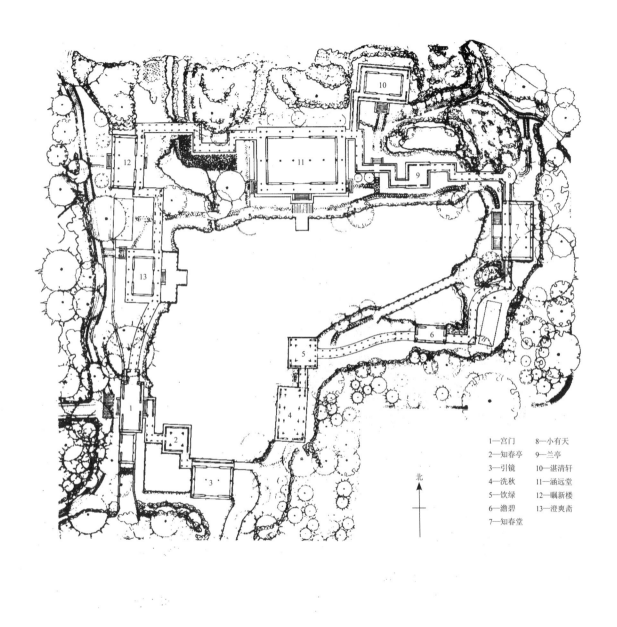

北

谐趣园平面图（摹自天津大学建筑系、北京市园林局《清代御园撷英》）

　　总体上，整座颐和园就像一部园林的百科全书和一幅园林的全景画面，取得了极高的艺术成就。几乎所有的中国古代园林的造园手法在这里都可以找到。

首先是主从与重点的安排。这点颐和园在清代皇家园林中处理得最好。无论是圆明园，还是避暑山庄，主景都不及颐和园突出。北海的白塔虽然也较为突出，形成了重点，但仍然不及颐和园的万寿山佛香阁突出。佛香阁及其建筑群打破了前山山体形状比较呆板的不足，大大改善了前山的天际线。为了强调佛香阁这组建筑群，以及建筑群所形成的中轴线，造园者甚至将湖岸做成新月形以突出于湖面。佛香阁是中轴线上的核心建筑，为了突出佛香阁，采用了主景抬升的手法，使其立于高高的台基之上，再加上它那36.44米的巨大高度，使佛香阁的顶部远远高于山顶的高度，凌驾一切，成为前山前湖景区的构图中心以及整个颐和园的构图中心。这个构图中心不仅是平面上的，而且是立体上的。在佛香阁东西两侧，又布置了大量的建筑群，但体量上明显小于佛香阁，对佛香阁起到宾辅和衬托的作用。佛香阁的色彩也十分突出，形成了强烈的视觉冲击力。作为最大的皇家园林建筑，佛香阁的主体地位当之无愧。

画中游

其次，是对比手法的运用。在颐和园中，对比的手法比比皆是。在总体空间上，前山前湖的巨大开敞的空间和后山后湖的曲折幽深的空间形成了鲜明的对比，从而使颐和园的山水体系完整而余韵未绝。湖面和山体之间的对比也很重要，形成了强烈的视觉效果。

最后，是借景手法的运用。颐和园园外四面皆有景可借，因此在这里借景的手法运用得十分自如。西可借玉泉山的玉峰塔，以及香山的香炉峰；东、南可借园外的万亩平畴水田；北可借红山口的山景。尤其是西借玉峰塔的塔影，堪称中国古代园林借景的精彩之笔。从湖山真意、画中游等建筑向西望去，玉峰塔倩影动人。可惜的是今天东侧的田畴已经为城市的高楼大厦所替代，失去了往昔的动人景色。

第十三章

避暑山庄

避暑山庄，位于河北省承德市武烈河西岸一块狭长的谷地上，距北京230千米，始建于康熙四十二年（1703年），历经康熙、雍正、乾隆三朝，历时89年于乾隆五十七年（1792年）建成，是清代皇帝避暑和处理政务的场所。避暑山庄与颐和园、拙政园、留园并称中国四大名园。1994年12月，避暑山庄（热河行宫）及周围寺庙被列入世界文化遗产名录。避暑山庄占地564万平方米，从面积上说，它是中国现存最大的皇家古典园林。避暑山庄以朴素淡雅的山村野趣为格调，取自然山水之本色，吸收江南塞北之风光，取得了很高的园林艺术成就。

康熙二十年（1681年），清政府为加强对蒙古地方的管理，巩固北部边防，在距北京350多千米处建立了木兰围场。每年秋季，皇帝率领数万人到木兰围场行围狩猎，训练军队，巩固边防。为解决皇帝的吃住问题，沿途相继修建了21座行宫，热河行宫——避暑山庄就是其中的一座。这里地势良好，气候宜人，北接清皇室的发祥地东北，可扼守关内、外控蒙古各部，离国都北京又比较近。

避暑山庄的营建大致可以分为两个阶段。第一阶段：避暑山庄之康熙初建阶段。康熙皇帝亲自"择址相地"选中了热河这块风水宝地，决定在这里修建行宫。康熙四十二年（1703年）避暑山庄正式破土动工。先是理水，疏通河道，修筑堤坝，将武烈河向东推移，拓展避暑山庄的平地面积。然后开掘湖区，形成洲岛堤岸，修筑了芝径云堤，也就是灵芝形状的水体。在水中设置了环碧岛、如意洲、月色江声岛。随着洲岛的形成，岛上的建筑群和湖畔的亭榭也相继完工。之后，又修建了行宫，并于康熙五十年（1711年）由康熙皇帝亲笔题写了"避暑山庄"四个大字，刻制成鎏金云龙陛匾悬挂于内午门上，行宫遂正式定名为"避暑山庄"。康熙又将正宫的寝殿"烟波致爽"定为三十六景的第一景，以四字名称为三十六景命名，并为三十六景的每一景都题诗作序，介绍其位置和意境，使三十六景初具规模。后来在澄湖、如意湖、上湖、下湖、西湖、半月湖的基础上，向东开辟了镜湖、银湖，修建了高大的宫墙。至康熙五十二年（1713年），避暑山庄已初具规模。第二阶段：乾隆扩建阶段。乾隆皇帝即位后，对山庄进行了大规模的扩建，增建宫殿和园林建筑群，并以三字名称为这些增建的景点和康熙时期已经建成但未纳入康熙三十六景的景点命名，又成三十六景，与康熙的山庄三十六景合称避暑山庄七十二景。自康熙五十二年（1713年）至乾隆四十五年（1780年），伴随着山庄的修建，山庄周围的八座寺庙也相继建造起来，被称为"外八庙"。康熙、乾隆皇帝，每年大约有半年时间要在承德度过，清前期重要的政治、军事、民族和外交等大事，都是在这里处理的。因此，当时的承德避暑山庄也就成了北京以外的陪都和第二个政治中心。

北

承德避暑山庄总平面图（摹自周维权《中国古典园林史》）

承德避暑山庄之所以取得了很高的园林艺术成就，是因为选址的成功。当时之所以选择这里营造园林，除了政治上的原因之外，主要是因为这里有优越的自然条件。其一，这里山明水秀，园林可借用的自然景色十分丰富。站在避暑山庄高处远眺，四周群山环抱，奇峰怪石，蔚为大观；天桥山、鸡冠峰、僧冠峰、蛤蟆石、罗汉山都很壮观，形态奇特。最为奇特的是磬锤峰，《水经注》称之为"石梃"，说它"危崖耸立，高可百余仞"，傲然挺向苍穹。这些奇异的山景，作为避暑山庄的借景，是难能可贵的园林素材。其二，这里有丰富的水源和难得的温泉。热河泉虽然不算天下名泉，但水质很好。热河泉和武烈河，为造园提供了良好的水源。这些水源，为建造山水园林创造了得天独厚的条件。其三，这里的气候条件十分优越，空气清洁凉爽，夏季气温比北京低，适合避暑。其四，园内山岭土层较厚且土质好，适合植物生长。康熙皇帝在勘察园址的时候，发现这一带植物生长繁茂，武烈河岸布满了树木。这就为避暑山庄植物景观的形成创造了先天的优越条件。

承德避暑山庄周围群山环抱，风景秀丽

避暑山庄的山，除少量点缀以假山叠石外，其余基本都是自然形成的。营造山水园林，有了山，接着就是理水。乾隆皇帝说的"山庄以山名，而趣实在水"，点明了避暑山庄的艺术特色。避暑山庄理水之妙，是江南风情的体现。康熙和乾隆的避暑山庄七十二景中，水景或临水的景点约占一半。避暑山庄理水的特点如下。其一，引水入园，疏泉引流。避暑山庄引武烈河水入园，作为园林的水源。此外，附近的泉水被疏引入园中的湖泊，作为解决水源问题的另一个重要方法。山庄内的泉水很多，以"热河泉"最为有名。这些泉水被汇入园中的湖泊，成为湖泊的主要水源之一。现在，避暑山庄的水源不及原来丰沛，主要原因在于武烈河水不再入园，因此，整修避暑山庄应当重引武烈河水入园。其二，水景的艺术形式丰富多彩。避暑山庄的水体，以湖泊为主，兼有瀑布、溪流。湖泊采用大聚小分的布局手法。所谓"大聚"，就是将湖泊集中于宫殿区以北、平原区以南、山峦区以东的一个空间范围内。在整个园林中，湖很集中，形成了湖区。所谓"小分"，就是不将湖泊处理为一个或若干大湖面，没有主湖、副湖，没有湖面的构图中心，而是将湖面分为若干小湖，即若干个大小不同、形状各异的水面。这样，湖泊虽然没有主湖，没有中心湖，但从全园的角度看，湖泊集中于一处，互相联络，共同构成一个有机的艺术整体，共同构成风景荟萃的全园重心。这种大聚小分的布局手法，形成了迷人的塞外江南水乡风光。乾隆评价避暑山庄时说："山贵有环抱，水贵有曲折。"避暑山庄的水体，就是一个完整的曲折有致的体系。总之，避暑山庄的理水取得了很高的成就。避暑山庄水景的营造也很成功：一是运用了倒影，水心榭、金山、烟雨楼的倒影都很美丽；二是借水音成景，如借远近泉声等；三是以鱼为景，如石矶观鱼、知鱼矶等。

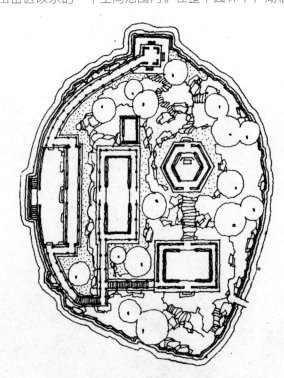

承德避暑山庄金山平面图（引自天津大学建筑系、北京市园林局《清代御园撷英》）

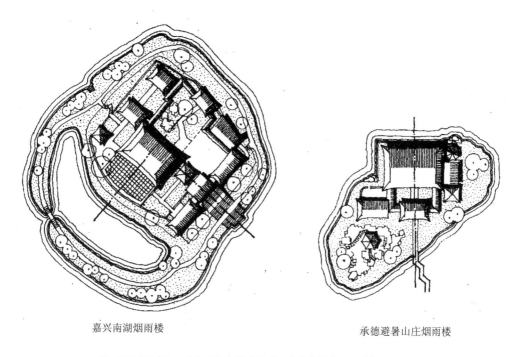

嘉兴南湖烟雨楼　　　　　　　　　　　　　承德避暑山庄烟雨楼

烟雨楼平面对比（引自天津大学建筑系、北京市园林局《清代御园撷英》）

　　避暑山庄功能区和景区的划分，也是其取得很高艺术成就的重要原因之一。景区的划分不是凭空臆造，而是充分结合了避暑山庄原有的地形条件、从实际出发的结果。根据自然的山水格局，避暑山庄分为四个区域：宫殿区、湖泊区、平原区、山峦区。

　　宫殿区位于地形平坦的湖泊南岸，是皇帝处理朝政、举行庆典和生活起居的地方，占地10万平方米，轴线从丽正门开始，由正宫、松鹤斋、万壑松风和东宫四组建筑组成。正宫是宫殿区的主体建筑，有9进院落，建筑风格朴素淡雅而不失帝王宫殿的庄严。主殿"澹泊敬诚"采用珍贵的楠木建造，因此也叫"楠木殿"。寝殿"烟波致爽"是一座五开间的平房。

　　湖泊区在宫殿区的北面，山庄东南，面积49.6万平方米，原有大小湖泊九处，即澄湖、如意湖、上湖、下湖、银湖、镜湖、长湖、西湖（已不存在）、半月湖（已不存在），统称为塞湖。湖泊区的风景建筑大多是仿照江南的名胜建造的，如金山岛是模仿江苏镇江金山修建的，"烟雨楼"是模仿浙江嘉兴南湖烟雨楼修建的。湖中的两个岛分别有两组建筑，一组叫"如意洲"，另一组叫

125

"月色江声"。"如意洲"上有假山、凉亭、殿堂、庙宇、水池等，布局巧妙，是风景的中心。"月色江声"由一座精致的四合院和若干其他建筑组成。每当月上东山，皎洁的月光映照着平静的湖水，创造出优美的意境。湖泊区总体结构是以山环水、以水绕岛，湖泊面积包括洲、岛、渚等约有43万平方米，由8个小岛屿将湖面分割成大小不同的区域。湖泊区层次分明，洲、岛错落，富有江南水乡烟雨迷离的特色。湖泊区东北角有著名的热河泉。

金山

烟雨楼

平原区在湖泊区北面的山脚下，占地60.7万平方米，地势开阔，有万树园和试马埭。这里碧草茵茵，林木茂盛，一派茫茫草原风光。平原区又分为西部草原和东部林地。草原以试马埭为主体，是皇帝举行赛马活动的场地。林地称万树园，是避暑山庄内重要的政治活动中心之一。当年这里有不同规格的蒙古包28座，其中最大的一座是御幄蒙古包，是皇帝的临时宫殿，乾隆皇帝常在此召见少数民族的王公贵族、各宗教首领和外国使节。

山峦区在山庄的西北部，面积443.5万平方米，约占全园的五分之四。这里山峦起伏，沟壑纵横，众多楼、堂、殿、阁、寺庙点缀其间。整个山庄东南多水，西北多山，是中国自然地貌的缩影。

避暑山庄内的园林景点，基本都是建筑景点。这些园林建筑，广泛吸收了北方皇家宫殿建筑严谨、宏伟，以及南方园林建筑小巧玲珑、轻盈灵动的特点，在色彩上没有采用皇家建筑常用的红、黄等色调，而是采用江南园林建筑的青瓦、褐柱，极尽朴素之能事，在我国的皇家园林中，独树一帜。在避暑山庄中，建筑是园林艺术的主要体现者之一，主要表现在以下三个方面。其一，建筑是体现园林功能的主要手段。例如，烟波致爽是皇帝的寝宫，如意洲、月色江声等建筑群则是皇帝在避暑山庄休息、读书、娱乐等活动的去处。其二，建筑是避暑山庄风景构图的主要元素之一。例如，著名的金山和烟雨楼两组建筑群，都是附近一带的视觉中心，构成避暑山庄的主要景点。其三，建筑是欣赏园林风景的最佳位置。例如，锤峰落照是傍晚欣赏磬锤峰的绝佳去处，芝径云堤是欣赏湖面白云景色的地点。避暑山庄的建筑，采用了散点式的平面构图。这种构图，基本摒弃了大规模的轴线对位关系的做法，除了宫殿区，基本都是结合地形、山水而建的错落有致的建筑群。这些建筑群的分布极为舒朗，使整个园林中建筑比较清新、自然，没有拥塞之感。这种散点构图的方法，与避暑山庄总体意境相一致，增强了园林的自然情趣。建筑与大自然偶合成趣，对自然风景起到了"点睛"的妙用。建筑虽然分散，但每一建筑群又十分集中，让人感到"疏可走马，密不透风"。整个园林采用了"前宫后苑"的布局手法，将宫殿与园林明显区分开来。宫殿轴线分明，园林建筑则小巧玲珑，灵活多变。园林建筑的类型很丰富，有殿、坊、室、斋、亭、轩、山房、楼、阁、台、榭、舫、堂馆、廊、门楼、桥、堤、塔等。建筑的平面复杂多变，取得了统一中有变化的效果。这些建筑与自然地形结合之巧妙，令人叹为观止。其处理手法特点如下：其一，借山势突出建筑；其二，建筑与周围环境紧密结合；其三，巧于相地择址。总体上，避暑山庄的建筑艺术取得了很高的成就，建筑与园林以及自然环境结合得很好。

水心榭，建筑与山水紧密结合

远眺金山，山水建筑的和谐图景

分析避暑山庄取得的艺术成就，借景手法运用得当是一个重要原因。借景手法的运用，在这里十分普遍。一是借山园外。例如，"锤峰落照"是专门欣赏避暑山庄以东7.5千米处磬锤峰傍晚落日的景点。特别是在夏季雨后，磬锤峰背后的天空云霞似火，异常壮丽。又如，"四面云山"是专为眺望四周山景建设的高亭，站在这里眺望，四周群山奔腾于白云烟岚之间，景色壮观。再如，"南山积雪"是眺望避暑山庄以南5千米外僧冠峰一带积雪的。还如，"北枕双峰"是专门欣赏避暑山庄以北百里之遥的金山、黑山的。二是借水成趣。避暑山庄的"暖流暄波""远近泉声""玉琴轩"等，都是借水声创造园林景观的。三是应时借花。避暑山庄内植物景观20余处，大都借了植物的叶色、花香。例如："青枫绿屿"以如火如荼的枫叶为借景；"金莲映日"以花影为借景；"曲水荷香""香远益清""冷香亭"等，以花香为借景。四是借鸟语兽影。例如：驯鹿坡，借麋鹿为景；莺啭乔木，借鸟语禽音为景；石矶观鱼，借红鱼为景。五是巧借天候。例如：梨花伴月，借春风催开的梨花为景；青枫绿屿，借秋霜后的如丹枫叶为景；南山积雪，借冬雪为景；西岭晨霞，借朝霞为景；锤峰落照，借晚霞为景；宿云檐，借山岚为景；风泉清听，借风为景；云容水态，借云影为景；烟雨楼，借烟雨为景；月色江声，借月色星光为景；等等。

烟雨楼与磬锤峰

　　总之，避暑山庄是一座充分利用天然山水地形建设的大型皇家行宫园林，与颐和园、圆明园有着鲜明的不同特色。一是山水比重大有不同。颐和园水面占总面积的绝大部分，山体较小。圆明园没有山体，只有和大面积萦回环绕的水体相拥的人造微山。而避暑山庄的山峦区占据了绝大部分，水体相对面积较小。二是风景主从关系不同。颐和园有强烈的主从关系，有明确的轴线，而避暑山庄没有这样的轴线关系，也没有像佛香阁那样的居于绝对优势地位的主要景观，其景观布置基本采用散点式布局。三是避暑山庄类似一个风景名胜区，在已有风景资源的基础上加以整饬，形成了风景式的园林特色。

　　虽然总体上避暑山庄的艺术成就不及颐和园和已经毁于战火的圆明园，但它仍然是我国古典园林宝库中的一部杰作。遗憾的是，避暑山庄中的一些景点也在战火中被毁坏了，今天尚存的这些景点，就更需要我们悉心加以保护了。

第十四章

圆明园

圆明园是一座大型水景园林，是清代园林最后的辉煌。它在营造中采用了"集锦式"手法，取得了很高的艺术成就。

圆明园一带，是清朝康熙年间，皇四子胤禛"藩邸所居赐园"。园林开始建造的年代已经无从查考。园建成后，康熙四十八年（1709年），玄烨赐名为"圆明园"。胤禛即位后，于雍正三年（1725年）正式开始扩建圆明园。扩建工程大体包括三部分：一是将中轴线向南延伸，修建宫廷区；二是将原赐园向北、东、西三面拓展，构建曲水、岛、渚，增设亭、榭、楼、阁，构成了后来乾隆御题"四十景"的主体；三是修建福海及其周围的建筑群组。扩建后圆明园面积达2平方千米。据考证，乾隆时期命名的"四十景"中，有二十八景曾经胤禛题署过，说明雍正皇帝胤禛在位时，已有二十八处重要的建筑组群。乾隆皇帝在位时，又对圆明园进行了第二次扩建。这次扩建没有扩大圆明园的地盘，而是在原来的范围内调整园林景观并增减若干建筑组群（景点）以进一步完善和丰富园景，其中比较重要的十二处，连同雍正时原有的二十八处，共成"四十景"。另外，又在圆明园的东侧和东南侧建设附园长春园和绮春园。这三座园林，同属于圆明园管理大臣管理，并称为"圆明三园"，也就是一般通称的圆明园。

圆明三园总面积达到3.5平方千米，较承德避暑山庄小，较颐和园大。长春园南侧主体以大型水体为主景，整体布置萧疏开朗，疏密得当。长春园北侧有著名的"西洋楼"景区，由西方传教士郎世宁、蒋友仁、王致诚等设计，中国工匠建造，于乾隆十二年（1747年）开始筹划，乾隆二十四年（1759年）基本建成。西洋楼景区的主体，实际上是谐奇趣、海晏堂和大水法三处大型喷泉群，虽然面积不大，却是中国较大规模仿造欧洲园林的一次成功尝试。绮春园原为怡亲王允祥的御赐花园，名为"交辉园"。乾隆中期又改赐给大学士傅恒，并易名"春和园"。乾隆三十四年（1769年）春和园归入圆明园，正式定名"绮春园"。后又先后并入两处赐园——大学士福康的安赐园及庄敬和硕公主的含晖园。嘉庆皇帝时有"绮春园三十景"诗，说明当时至少有30处景点，后又陆续建成20多景。绮春园当时比较有名的景点有清夏斋、涵秋馆、生冬室、春泽斋等。

1860年，英法联军侵华，将圆明园中的文物洗劫一空后，于10月18日纵火焚烧圆明园。大火持续了三天三夜，这座举世无双的园林被付之一炬，仅有少量建筑幸存。此后，圆明园又不断遭到破坏，昔日园林荡然无存，各景点仅空留了一个名称。

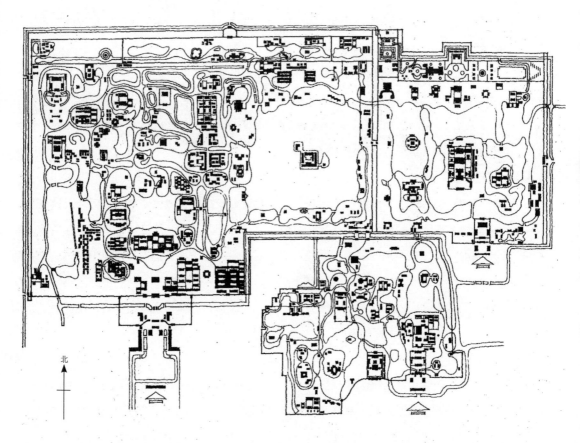

圆明园总平面图（引自天津大学建筑系、北京市园林局《清代御园撷英》）

圆明园从内容和布局上看，是一处集锦式园林，园中集中了大量的以建筑群为载体的景点。园林要想有比较清晰的脉络，必须处理好景区的划分。圆明园的基址处于北京西郊的一个泉源丰富的地段，园林的创作首先就是梳理水系山形。圆明园（不包括绮春园和长春园），大体上可以依据水系划分为五个景区。一是宫廷区。二是后湖区，包括以后湖为中心环绕着的九岛（九州清晏、镂月开云、天然图画、碧桐书院、慈云普护、上下天光、杏花春馆、坦坦荡荡、茹古涵今），以及这九岛东侧（曲院风荷、苏堤春晓、九孔桥、前垂天贶、洞天深处、如意馆）和西侧（万方安和、山高水长、十三所、长春仙馆、藻园）的部分景点。三是以福海为中心的景区，包括福海中心的蓬岛瑶台，以及环湖南岸的湖山在望、一碧万顷、夹镜鸣琴、广育宫、南屏晚钟、西山入画、山容水态、别有洞天；东岸的观鱼跃、接秀山房、涵虚朗鉴、雷峰夕照、方壶胜境、蕊珠宫、三潭印月；北岸的藏密楼、君子轩、水山乐、双峰插云、平湖秋月、安澜园；西岸的廓然大公、深柳读书堂、延真院、望瀛洲、澡身浴德。四是西北部景区，景区又可分为东、中、西三部分，东部包括西峰秀色、舍卫城、坐石临流和同乐园；中部包括濂溪乐处、汇万总春之庙、武陵春色、柳浪闻莺、文源阁、水木明瑟、映水兰香和澹泊宁静；西部包括汇芳书院、鸿慈永祜、日天琳宇、瑞应宫、月地云居、法源楼。五是北部景区，包括天宇空明、关帝庙、若帆之阁、北远山村、鱼跃鸢飞、多稼如云、顺木天和紫碧山房。

福海

在圆明园福海的东南、长春园的西南，有圆明三园之一的绮春园。绮春园大抵建成于乾隆三十四、三十五年间，但乾隆年间绮春园的详细情形，已不得而知，只知其建筑殿宇和景点繁多。

圆明三园之一的长春园，并列于福海景区之东，面积稍大于福海景区，约70万平方米。长春园也是以水系为骨干来组织景区景点的。水体聚散有致，形成了三处面状水面和一条狭长的水体。长春园建筑的布局不甚紧密，相对比较舒朗，主要建筑群"淳化轩"建在中央的大岛之上，其余的，或建筑于水中小岛之上，或散布于四周狭长的陆岸上。北垣外狭长地块上建有著名的西洋楼景区。

西洋楼景区是圆明园唯一残存下来的建筑景区，也是我国历史上第一次全面仿造西洋建筑和园林的景区。在长春园营造的以水法为主体的西洋楼建筑群，是欧洲建筑与园林艺术被引入中国皇家园林的重要而且是唯一的作品。由画师伊兰泰起稿的"长春园西洋楼铜版画二十幅"，是西洋楼景区完工后绘制的竣工透视图。通过这组铜版画，人们可以窥见西洋楼景区的面貌。

西洋楼景区最西侧，南面是谐奇趣，北面为迷园。谐奇趣这一区域的建成，大约在乾隆十六年（1751年）。谐奇趣正楼高三层，上层三楹，中、下层七楹。楼左右两侧，从曲廊深伸出八角楼厅，此厅常演奏蒙、回、西域音乐。南面弧形石阶前有大型喷水池，北面双跑石阶前也有喷泉和水池。北面的迷园名"万花阵"。迷园不用植物分隔，而采用1.5米高的刻花矮墙分隔。万花阵正中台上，筑圆顶双檐八角亭一座。

谐奇趣以东是养雀笼。养雀笼坐西朝东，明面五间三卷式，正中为券门，共二十四柱。从东向西望去，养雀笼近似中国五楼牌坊，侧面呈三卷式。养雀笼建筑的中线正在整个西洋楼景区东西800米长的轴线上。

养雀笼东侧偏北，是方外观。方外观，楼上、下各三楹，下层是明间带门罩子平台一间，覆以石栏杆，可从上层出平台眺望。

海晏堂是西洋楼景区中最大的建筑，坐东朝西，阻断了东西中轴线和轴线上的视线，使养雀笼到海晏堂成为一组比较独立的完整空间。海晏堂主要立面向西，两层十一开间。海晏堂前有著名的十二属相喷泉。

海晏堂以东是大水法，即远瀛观这一组建筑和喷泉，位置在整个西洋楼景区的中部偏西，往北部凸出呈南北长方形。远瀛观建筑群形成了与800米东西向主轴线垂直的最重要的一条南北向轴线。南北轴线方向上又可划分为北、中、南三部分。北部即高台上的建筑远瀛观，中部为大水法，南部为观水法。北部的远瀛观坐落在坐北朝南的高台上，全部由汉白玉石雕筑而成。大水法东侧是线法山，山上有双檐八角四券石亭。线法山以东是方河。方河以东是线法墙，可张挂油画。

圆明园西洋楼景区遗迹

　　圆明园是在平地上全部由人工创造的大型园林。如此大规模地平地造园，在世界园林史上比较少见。

　　圆明园具备以下特点。

　　第一，圆明三园是人工模仿自然的大型山水园林。由于山水全部为人工创造，山体体量一般不大，水面占据整个园林总面积的一半以上，加上模仿江南水乡风情的初衷，整个圆明三园实际上是一座大型的水景园。园林造景大部分以水为主题。圆明园的水面，既有福海这样宽达600余米的大水面，又有大量的中、小水面。回环萦绕的河道，将这些水面有机地连缀和组织起来，成为完整的河湖水系，以供舟行游览。聚土叠石而成的冈阜、岛、堤散布于园内，约占全园面积的三分之一，与水系相结合，构成了山水环抱的上百处人工创造的自然空间。山水相依，造就了烟水迷离的江南水乡风貌。总体上，圆明三园集我国古典园林堆山理水手法之大成。

圆明园冬景

第二，圆明园是集锦式的大型园林，设置了大量的园中园。园中大量的景点采集自江南风景名胜中的绝佳景色。圆明园四十景中几乎有一半的景点是园中园。自乾隆十六年（1751年）起，乾隆皇帝在六次南巡中，凡是他所中意的江南园林，均命随行的画师摹绘成图，作为北方皇家园林建设的参考。圆明园的扩建在乾隆九年（1744年）完成四十景之后一直没有间断，许多小园直接以江南园林作为蓝本建设。例如，圆明园内的安澜园（四宜书屋），长春园内的小有天园、狮子林、如园，即分别模仿当时江南的四大名园——海宁安澜园、杭州小有天园、苏州狮子林、南京瞻园而建成。直接模仿江南名园的做法始于乾隆时期，这些模仿追求神似而不是形似，讲究因地制宜，成了我国古代皇家园林中一种独特的形式。周维权先生根据圆明园各景区取材，将其归纳为六类：一是模拟江南风景的意趣，有的甚至直接仿写某些著名的山水名胜；二是借用前人的诗画意境；三是移植江南的园林景观而加以变异；四是再现道家传说中的仙山楼阁，再现佛经所描绘的梵天乐土形象；五是运用象征和寓意的方式来宣扬有利于帝王封建统治的意识形态、伦理和道德观念；六是以植物造景为主要内容，或者突出某种植物的形象、寓意。

第三，建筑形式丰富多样，是我国园林建筑的宝库。从现存的图纸和烫样（模型）看，圆明园的建筑式样十分繁多，几乎囊括了所有的古代园林建筑式样。建筑的丰富多彩是圆明园建筑的一大特点。圆明园中的建筑，堪称我国园林建筑式样的宝库。

圆明园中的建筑

第四，园中有大量的植物造景。

圆明园斑驳的石桥诉说着古老

圆明园被焚毁已经一百五十多年了，曾经的美景，只留下了一些空名，是作为一处遗址保存下去，还是在时机和条件成熟后复原，一直是各界人士关注的焦点和争论的内容。特别是近些年，复建了圆明园的部分宫墙和若干小体量的建筑，遗址的风貌发生了很大的变化。许多年前曾经看到过完全作为一处遗址的圆明园荒疏萧条的景象，深深受到爱国主义的教育，而今天的圆明园的形象，让人感到很难接受，似乎有些"不伦不类"。遗址的荒凉有其独特的荒凉之美，更有利于作为我们的祖国受到帝国主义列强侵略的见证。

第十五章

拙政园

　　拙政园位于苏州城东北街，占地约52 000平方米，是江南古典园林的代表作品，1961年被国务院列为全国第一批重点文物保护单位，与同时公布的北京颐和园、承德避暑山庄、苏州留园一起被誉为中国四大名园，1997年被联合国教科文组织批准列入《世界遗产名录》。

　　拙政园始建于明正德四年（1509年），距今已有500多年的历史。园主王献臣取晋代潘岳《闲居赋》中"灌园鬻蔬，供朝夕之膳""此亦拙者之为政也"的含意，起名为"拙政园"。嘉靖十二年（1533年），文徵明依园中景物绘图31幅，各系以诗，并作《王氏拙政园记》。王献臣死后，他的儿子一夜巨赌，将园输给了徐少泉。徐氏子孙后来也衰落了。此后拙政园数易其主，几经兴废，至新中国成立后，经修缮整理，才形成今天的面貌。

拙政园远香堂

拙政园以水见长，山水萦绕，亭榭精美，花木繁茂，充满诗情画意，具有浓郁的江南水乡特色。全园分为东、中、西和住宅四个部分；东部布局以平冈远山、松林草坪、竹坞曲水为主，配以山、池、亭、榭，疏朗而明快，主要建筑有兰雪堂、芙蓉榭、天泉亭、缀云峰等；中部总体布局以水池为中心，池广树茂，亭、台、楼、榭临水而建，形体不一，高低错落，主次分明，浑厚而质朴，主体建筑是位于水池南岸的以荷香喻人品的"远香堂"；西部水面迂回，布局紧凑，依山傍水建以亭、阁，主要建筑有卅六鸳鸯馆、与谁同坐轩等，巧妙而别致；住宅部分是典型的苏州民居，现布置为园林博物馆展厅。

今天的拙政园，中园为其精华所在。中园以远香堂为其主体建筑，是一座四面厅，南侧面向腰门和腰门前的假山，北侧面向湖岛和岛上的雪香云蔚亭，西侧有倚玉轩、香洲和玉兰堂，东侧有绣绮亭和海棠春坞，西南有荷风四面亭，东南有梧竹幽居。远香堂仍然在明代拙政园主堂"若墅堂"的位置，可以环视园景，而以北侧山林为主景。北侧山体为岛山，分为东、西两座，以西山为主山，东山为次山。两山有溪涧相隔，涧上架小石桥，溪水屈曲与山后水面相通，增加了山水的景观层次。两山皆为土山，辅以叠石，其上各有一亭，西侧为歇山屋顶的雪香云蔚亭，高而体量较大，东侧为六角攒尖顶的待霜亭。两亭以雪香云蔚亭为主，相互呼应衬托。雪香云蔚亭，意即冬天可以在这里欣赏到洁白的梅花如云般景色的亭子。雪香是古人用来形容梅花的。雪香云蔚亭四周多植梅树，开花时节，香气四溢。亭上有匾额一块"香花野鸟之间"及对联一副"蝉噪林愈静，鸟鸣山更幽"，为明代文徵明所书。待霜亭的名称取自唐代诗人韦应物的诗句"书后欲题三百颗，洞庭须待满林霜"，指洞庭山盛产橘子，霜后橘子开始由青变红。

梧竹幽居的圆洞门

亭外原悬有清末翁同龢撰写的对联"葛巾羽扇红尘静，紫李黄瓜村路香"，现悬挂对联"墙外青山横黛色，门前流水带花香"。亭东、西、南、北皆有对景：北与绿漪亭相对，一秋一春；西有雪香云蔚亭相伴，一秋一冬；南与远香堂隔池相望，一秋一夏；东与梧竹幽居相邻。绿漪亭北倚界墙，南瞰水池及池中山岛，是园中山岛以北的唯一小筑。为了设计建造此亭，园主人颇费心思。此亭的构建，使园中本来的死角焕发了生机。梧竹幽居旁有梧桐遮阴，翠竹生情，亭名正源于此。古人认为，梧桐可以招引凤凰，栽种梧桐可以使吉祥降临。梧竹幽居建于清代，建筑十分独特，类似扬州瘦西湖的吹台，方形的亭的四面墙壁上，各开一个圆洞门，从亭外任何一面看去，都有"洞环洞，洞套洞"的感觉，建筑之精妙，令人叹为观止。梧竹幽居匾额为文徵明所题。"爽借清风明借月，动观流水静观山"对联为清末书法大家赵之谦所书。岛山与远香堂之间的狭长水面，沿东西方向展开，留出了全园东西方向的最长透景线，向西可以借园外的北寺塔塔影入园。远香堂北侧的腰门，采用了障景的手法，与远香堂仅仅数步之遥，却不能直视远香堂，而被中间的黄石假山所阻隔，须从东、西两侧绕行，绕过假山或从山洞穿越假山之后才豁然开朗，即便如此，也还要过远香堂南侧小池上的折桥，才能抵达远香堂，并开始望见全园的景色。这是中国传统园林中对比手法运用的典型一例，又是园林景观序列组织的典型一例。

梧竹幽居

远香堂东侧为"枇杷园"，由起伏的云墙隔出院落，墙两侧种有牡丹。云墙上有月洞门，通过月洞门可以进入院落。院落中有"嘉实亭""玲珑馆""听雨轩""海棠春坞"等景点，整个院落构成了拙政园中园部分的园中园。院中的这些建筑又将整个院落分隔为三个小院。这些小院既分隔又相互渗透、穿插。

枇杷园南为中园的住宅区域，这里广植枇杷树，故名"枇杷园"。枇杷园东侧为院内主体建筑玲珑馆，因旧有太湖石玲珑可爱而得名，又取苏舜钦"月光穿竹翠玲珑"的诗意。玲珑馆的窗格、庭院铺地均为冰裂纹图案，与玲珑馆内"玉壶冰"匾额呼应。"玉壶冰"匾额系著名琴家、书法家叶诗梦所书，匾名摘自南朝文学家鲍照的"清如玉壶冰"诗句，借以比喻主人的心境。"玉壶冰"匾额两侧，是当年主持修复古园的张之万手书的楹联："曲水崇山，雅集逾狮林虎阜；莳花种竹，风流继文画吴诗。"

位于枇杷园南界墙前的嘉实亭，亭子的周围种植了很多枇杷树，五六月间，从亭子里向外望去，满树都是黄澄澄的枇杷果实。亭子面积很小，在亭子南侧墙壁上开了一扇空窗，正好把亭子后面的竹石美景框在空窗之中，构成美妙的画面。亭内悬挂一幅隶书题匾，两侧挂有一联"春秋多佳日，山水有清音"，为清代学者潘奕隽所书。上联取自晋陶渊明"春秋多佳日，登高赋新诗"，下联取自晋左思"非必丝与竹，山水有清音"。

从玲珑馆沿折廊向南再东折，又是一个独立的小院落。院中的主要建筑朝北，屋内有一匾额"听雨轩"。听雨轩，就是在下雨时听淅淅沥沥雨声的地方。为了强化听雨的感受，庭院中设有池水一泓，其中植荷，池边有芭蕉、翠竹。每逢下雨，听雨打芭蕉和荷叶的声音，体味园林的境界，将获得别致的心境。

位于枇杷园南面的海棠春坞，以花墙分隔。院落中南墙的粉壁前，种植海棠数株、翠竹和南天竹数竿，倚太湖石而立。初春时节，海棠繁花似锦。庭院铺地拼花呈海棠花纹样，院内茶几上的纹样亦为海棠花纹样，处处以景点题。墙上造型似书卷的砖雕匾额，上书"海棠春坞"四字。粉墙前的竹石、海棠、南天竹、匾额共同构成秀美的画面。

位于枇杷园北面假山上的绣绮亭，取杜甫诗"绮绣相辗转，琳琅愈青荧"而得名。亭子造型轻巧，四角起翘，比例尺度得宜。屋檐下挂着横匾，上楷书亭名。亭内的匾额上书"晓丹晚翠"；"晓丹"指从绣绮亭向东面海棠春坞看的朝霞景色；"晚翠"指从绣绮亭向西面所能望见的远山暮色。匾额两侧有对联"露香红玉树，风绽紫蟠桃"，为清代学者朱彝尊撰书。西柱上悬有楹联"生平直且勤，处世和而厚"。

"玲珑馆"和"玉壶冰"匾额　　　　　　　　　　　　　　　　"小飞虹"匾额

　　远香堂西南一隅，是一组围绕小水面形成的"水院"建筑群，包括倚玉轩、小飞虹、小沧浪、得真亭等建筑，与西侧的旱船香洲相伴。建筑环绕水体而建，形成了独特的艺术风貌。倚玉轩是一座三开间的歇山顶建筑，轩旁有竹，又有昆山石。因竹在古代被称为"碧玉"，昆山石亦被称为"玉"，故得名"倚玉轩"。文徵明写道："倚楹碧玉万竿长，更割昆山片玉苍。如到王家堂上看，春风触目总琳琅。"从倚玉轩北下三级石阶，即是三曲平桥，可以去往荷风四面亭。向南有游廊通向小飞虹。东廊直接接主厅远香堂北的大月台。倚玉轩有隶书匾额"静观自得"，为清著名学者俞樾所书。倚玉轩侧门对联"睡鸭炉温旧梦，回鸾笺录新诗"，为清王梦楼所书。位于倚玉轩南的小飞虹，是苏州园林中唯一的一座廊桥。小飞虹在王献臣建园的时候就已存在，可是当时的小飞虹和今天的小飞虹截然不同。当时的小飞虹只是一座简单的木桥，而今天的小飞虹却已经是一座廊桥了。因古人把拱桥称为"飞虹"，故这座八字形拱桥得名"小飞虹"。桥上的廊子三间八柱，枋下饰以吊挂楣子。廊子为黛瓦卷棚屋顶，姿态轻盈，很别致。这一廊桥，极大地丰富了这一组空间的景深，增加了园林景致的层次，取得了很好的艺术效果。小飞虹西南与得真亭相连。得真亭是园中为数不多的王献臣时期命名的景点，寓意园主人像翠竹、柏树一样正直、率真。当初王献臣建亭时，即以四根柏木作为亭子的柱子，并取《荀子》中"桃李蒨粲于一时，时至而后杀。至于松柏，经隆冬而不凋，蒙霜雪而不变，可谓得其真矣"命名。亭畔植有紫竹、柏树，取竹"未出土时便有节，及凌云处尚虚心"比喻园主人坚节贞心、忠直无隐的节操。亭中悬挂的镜子，将园景映入镜中，以增加风景的层次。亭中有对联"松柏有本性，金石见盟心"。得真亭之南，跨过小飞虹的一湾池水旁，有一座三间水阁，名曰"小沧浪"。因园中水面似苏舜钦沧浪亭水面，故取名小沧浪，同时喻王献臣遁世归隐之意。小沧浪跨水而建，是一座架在水面上的水阁，南北两面临水，把到此结束的中园水尾营造得绵延不断。文徵明为小沧浪题写楹联"茗怀暝起味，书卷静中缘"。

香洲

　　得真亭西面，是著名的旱船香洲。中国古典园林中多舫，舫又被称为不系舟。在苏州园林众多的舫中，香洲体量较大，造型优美，别具一格，也成为拙政园中的标志性景观。香洲两层高，集中了中国传统园林建筑中的亭、台、楼、阁、榭五种建筑形式；船头为荷花台，前舱为四方亭，后舱为面水榭，船尾为野航阁和澄观楼，阁上起楼。整个建筑虽然形制丰富，却整体感强烈，一气呵成，线条柔和，比例得当。每当冬天下雪的时候，舫中燃灯，氤氲的氛围十分动人。香洲船头上悬挂着文徵明手书"香洲"二字。野航阁取自杜甫"野航恰受二三人"诗意。香洲，一方面表达了园主人希求一帆风顺、安康平和的意愿；另一方面，表达了追求类似"不系之舟"的人格自由及没有羁绊的意境。香洲船尾有小门通往玉兰堂。玉兰堂是一座因广植玉兰而得名的建筑，表达了园主人"此生当如玉兰洁"的志向。

　　从倚玉轩跨过北侧的三折桥，便是"荷风四面亭"了。顾名思义，荷风四面亭指夏天荷花在亭子四面盛开,有阵阵荷香从四面飘来。在拙政园中,适宜赏荷的去处不少,但能四面观荷的地方却仅此一处。亭者,停也。适合人在园林中停留的地方,一定是最好的得景之处。荷风四面亭四面临水,位置十分重要,是园中景点的重要交会处;南接倚玉轩,东望雪香云蔚亭,西北与见山楼对望。荷风四面亭是单檐六角亭,恰似荷花丛环抱的一颗明珠。亭中有对联:"四壁荷花三面柳,半潭秋水一房山。"

过荷风四面亭西北行,便是见山楼。这是园西北一隅的唯一一座建筑。它三面环水,两侧傍山,从西侧可以通过廊桥进入底层,上楼则须通过爬山廊或假山踏步。见山楼是拙政园中最大的一座建筑,重檐卷棚歇山顶,颇有古朴之风。因为位置偏于一隅,所以建筑虽然体量大,却不是中园的核心建筑。建筑三面环水,有动人的倒影,是山水、建筑结合的典范。见山楼,顾名思义,在楼上可见苏州西部的虎丘、何山、狮子山等,这是典型的远借手法的运用。现在,由于城市建筑"长高"了,已经无从远借这些景物了。

见山楼

从"别有洞天"西去，穿过圆洞门，便来到了园林的西部——西园。西园的景点和建筑不多，相对比较具有山林野气。通过"别有洞天"，一处凌空的水廊就展现在眼前。这座廊子南接卅六鸳鸯馆，北通倒影楼。廊子在水面转折起伏，形成一种美的韵律感，成为拙政园乃至苏州园林中最有特色的一段廊子。廊的下面架空，时而高突于水池，时而低贴于水面，时而贴墙而行，时而与墙拉开距离左右凌空。架在水面上的廊子称为"浮廊"。《园冶》说"浮廊可渡"，指的就是这样的一类廊子。沿水廊行走，可以感受到"步移景异"的妙处，景色随着脚步不断发生变化，甚是奇妙。

浮廊

从"别有洞天"穿出廊子，左侧假山上有一座六角攒尖的亭子，名为"宜两亭"。唐代白居易与元宗简结邻而居，院落中一株高大的柳树可为两家共赏，白居易写诗赞美道："明月好同三径夜，绿杨宜作两家春。"拙政园的西园与中园，曾经分属两家，而在宜两亭上，既可以欣赏中园的景色，又可以欣赏西园的景色，"宜两亭"因此得名。

水廊的西侧，有一扇面形的小轩"与谁同坐轩"，取意于苏轼的词句"与谁同坐，明月清风我"。轩内悬挂清书法家何绍基所书写的对联"江山如有待，花柳自无私"，出自唐杜甫诗句。

"与谁同坐轩"的位置十分特殊，在西园的主要建筑的几何中心。轩左右两面的门洞一个正对着卅六鸳鸯馆和十八曼陀罗花馆，一个正对着倒影楼，墙面上的一个空窗，正好收入轩后山上的笠亭作为画面。卅六鸳鸯馆和十八曼陀罗花馆是一座建筑的两个不同的厅堂部分，这样的由两个厅堂组成的一栋建筑叫做"鸳鸯厅"。南半厅为十八曼陀罗花馆，北半厅为卅六鸳鸯馆。卅六鸳鸯馆因北临的水池中养了三十六对鸳鸯而得名，是园主人宴友、会客、听曲、休憩的场所。馆内悬挂的匾额由清末苏州状元洪钧所书。内有一副草书对联"绿意红情春风夜雨，高山流水琴韵书声"，为现代书法家林散之补书。卅六鸳鸯馆另有一联为曾经的园主人张履谦集欧阳修词句而成："燕子来时，细雨满天风满院；栏杆倚处，青梅如豆柳如烟。"十八曼陀罗花馆因南边小园中种植多株名贵山茶花（亦称曼陀罗）而得名，馆内悬挂清末状元陆润庠书写的匾额。鸳鸯厅一厅两式、一厅两名，还请来了两位状元题写匾额，而且两位状元还是儿女亲家——陆润庠之女嫁给了洪钧之子，园主人将"鸳鸯"二字发挥到了极致。匾额左右是胡厥文补书的对联"迎春地暖花争坼，茂苑莺声雨后新"。

倒影楼在水廊之北，是一座二层楼阁建筑。此外，西园中卅六鸳鸯馆和十八曼陀罗花馆附近还有塔影亭和留听阁。塔影亭在卅六鸳鸯馆南，据说当年园外无高楼遮挡，在亭中能看到北寺塔的塔影，因而得名。另一说是亭子倒影在水中，仿佛一座宝塔，因而得名。留听阁位于卅六鸳鸯馆西北，是一座轻巧的单层阁，阁前有平台。一方面，这里是赏荷听雨的场所，即所谓"留得残荷听雨声"的地方，另一方面，这里是听卅六鸳鸯馆传来昆曲清音的绝佳地方。

全部建筑环绕"与谁同坐轩"布置是西园的一大特色。

鸳鸯厅（十八曼陀罗馆和卅六鸳鸯馆）

粉墙和太湖石

东园以田园风光为主。新中国成立后，东园在20世纪60年代被调整为园林的主入口，主要建筑有兰雪堂、芙蓉榭、秫香馆，还有几座亭子。

兰雪堂为东园的主厅，堂名取自李白诗句"独立天地间，清风洒兰雪"。芙蓉榭是荷塘旁的建筑，因荷花亦名"芙蓉"，而且榭旁种植了很多木芙蓉而得名。秫香馆意为稻谷飘香的地方，现存建筑为新中国成立后修建的。

墙角腊梅花开

芙蓉榭

拙政园以水见长，用大面积的水面造成园林空间的开朗气氛，建筑点缀其中，庭院错落有致，花木丰富多样，典雅别致，被胜誉为"天下园林之母"。

第十六章

留园

留园在苏州阊门外1.5千米处，始建于明万历二十一年（1593年），为徐泰时的东园。明万历二十一年（1593年），徐泰时在祖传"别业"的基础上，请叠石名家周时臣设计，着手修建园圃。东园占地约2.7万平方米，以"后乐堂"为主体建筑，表露出徐泰时罢官归隐后的政治心境。园内广布池水、山石、花木及亭、台、楼、阁。徐泰时又将所得的两块太湖奇石瑞云峰、冠云峰置于园内，后瑞云峰被人移走。

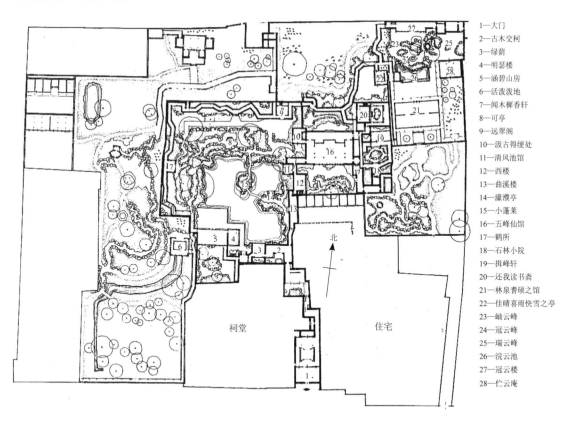

1—大门
2—古木交柯
3—绿荫
4—明瑟楼
5—涵碧山房
6—活泼泼地
7—闻木樨香轩
8—可亭
9—远翠阁
10—汲古得绠处
11—清风池馆
12—西楼
13—曲溪楼
14—濠濮亭
15—小蓬莱
16—五峰仙馆
17—鹤所
18—石林小院
19—揖峰轩
20—还我读书斋
21—林泉耆硕之馆
22—佳晴喜雨快雪之亭
23—岫云峰
24—冠云峰
25—瑞云峰
26—浣云池
27—冠云楼
28—伫云庵

留园平面图

　　这座园林几经辗转，直到清嘉庆初年，吴县东山人刘蓉峰得到后，重建为"涵碧山房"。经修缮扩建，嘉庆三年（1798年），园林落成。园内"堂宇轩豁，廊庑周环"，"岩洞奥而旷，池沼缭而曲，竹色清寒，波光澄碧"，遂以"涵碧山房"为名，而百姓则以园主人姓氏为名，称为"刘园"。园主人刘蓉峰在园中植松、集峰、刻帖，即广植以松树为主的园林植物，搜集各类奇石，将历代书法家的古旧拓本刻于回廊壁上。园主人种植了大量的白皮松、梧桐、翠竹及牡丹等植物，著有《牡丹新谱》及《茶花说》等著作，并修建了石林小院。如今留园总计700多米长的回廊壁上，有书法、园记、诗词、题跋等石刻600多方，绝大多数由刘蓉峰搜集并刻制，囊括了晋代至清代100多位书法家的墨迹。涵碧山房当时以传经堂、卷石山房为主体建筑，还散布着大量的其他园林建筑。

　　光绪二年（1876年），常州人盛康告老还乡后购得刘氏涵碧山房，重修，历二十年之久，又增辟东、西园，并通过扩建将冠云峰圈入园中。他又仿照袁枚当年把"隋园"改为"随园"的典故，用"刘园"之音，改为"留园"，由著名学者俞樾撰写了《留园记》，对留园的历史变迁做了记载和描述。经过盛康的苦心经营，留园被经营成江南著名的园林。

　　新中国成立后，苏州市政府拨款，聘请著名古典园林专家刘敦桢教授、陈从周教授担任顾问，在保留原有风貌的基础上精心修复，恢复了原有主要建筑，调整了部分被毁废的景点，补植了林木花卉，向公众开放，使留园获得新生。

　　留园分为入口、中部景区、东部景区、西部景区、北部景区和出口六部分。

　　入口的景观其实就是一条曲曲折折的长廊，由正门门厅至"长留天地间"洞门。虽然只是长廊，却有复杂多变的空间组合。廊与屋的联系，蟹眼天井与空窗的采光和造景，立体的小院景观，建筑空间的明与暗、大与小、高与矮所形成的强烈的对比，使人在入口这一转瞬即变的空间内，欣赏到了园林的对比所带来的丰富的空间变化。这段入口空间运用空间对比手法给人留下了极其深刻的印象。尚不能断定这是造园家的精心安排，抑或只是诸多客观条件的限制所造成的，但其强烈的空间压抑感受，反称得使人抵达主景区时的豁然开朗的感受显得十分强烈，达到了"欲扬先抑"的艺术效果。就在这总体感受比较压抑的空间中，又划分出不同的空间，产生了极其丰富的变化。光是天井和蟹眼天井就达8个之多，在一定程度上缓解了空间狭长、使人感到压抑封闭的心理感受。这组入口空间，在现存中国古代园林中首屈一指。

　　中部景区和东部景区是留园的精华所在。

中部景区是一个以水面为中心、山体和建筑环绕的空间。这里是原徐氏东园和刘氏涵碧山房的所在地，经营时间最长，是留园的精华之一。园林景观以山水为主，池水清幽，峰峦环抱，古木参天。园中央有开阔的池水一泓，东南有湾，西北有溪，湖岸曲折多汊，有湖泊之象。池水的西北两侧堆山叠石，多为黄石，古朴浑厚。沿岸建筑高低起伏，错落有致，有涵碧山房、明瑟楼、绿荫、曲谿楼、清风池馆等一系列建筑。

留园中心水面

通过"长留天地间"门额步入园林中部，迎面是一排图案精美的花窗。透过花窗，主水面的姿态依稀可见。回首南顾，是"古木交柯"小庭院。庭中有古木两株（柏树、山茶为近代补植），交柯连理。院墙正中有"古木交柯"四字砖匾一块，与古木共同形成一幅耐人寻味的画面。这是苏州园林中常用的手法：以墙为纸，以竹石为绘。古木交柯作为一组过渡性景观，门里有门，窗中套窗，粉墙遮天，门窗透景，似隔非隔，引人入胜，通过灵巧的过渡和转折，一扫呆板沉闷，收到了空间延绵不尽的效果。从此向西是"华步小筑"，向北是"曲谿楼"。

自"古木交柯"向西行走数步，可以看见一座更小的天井院落，院落的南墙上嵌有青石匾额一块，匾额上写有"华步小筑"四个字。所谓"华步"，是指留园所在的地名，明代这里称为"华步里"。华步小筑与古木交柯仅一墙之隔，有门相通。这里仅数块湖石、一支石笋和一丛南天竹，再加上墙面向上攀缘的百年古藤爬山虎，形成了一处笔墨简练的小品。华步小筑北面，就是名叫"绿荫"的敞厅。绿荫临水而筑，游人到此视线豁然开朗，中部景区的主体水面跃然眼底，园中亭、台、楼、阁一一在望。

华步小筑   曲谿楼入口

出绿荫向西行，即全园的主体建筑明瑟楼。楼为二层，单面卷棚屋顶，与涵碧山房共同构成舫形建筑，取《水经注》"目对鱼鸟，水木明瑟"之意而得名。下层名"恰航"，取杜甫"野航恰受两三人"之意而命名。人在"恰航"中，仿佛真的置身船中。因楼下狭窄，不便设置楼梯，就在楼南太湖石假山中暗设了一道楼梯。楼西有屋名叫"涵碧山房"，取宋代朱熹诗"一水方涵碧，千林已变红"之意命名。又因建筑主要为夏日观荷而设，俗称"荷花厅"。厅高大宽敞，陈设朴素。涵碧山房与明瑟楼共同组成一组建筑，一高一低，一长一短，构成不对称均衡，从对面山体看来，仿佛一艘启航的船。

明瑟楼和涵碧山房

自涵碧山房向西北行走，通过西墙一侧镶嵌有留园法帖的爬山廊，水面的西侧，假山上面，便是"闻木樨香轩"。轩在黄石假山的制高点上，方形，一面紧邻爬山廊，另外的三面向假山敞开。虽然名字叫作轩，但它实际上就是一处依廊而建的有门窗的半亭。木樨即桂花，"闻木樨香"，典出著名的禅书《五灯会元》。书中记载，黄庭坚学禅不悟，问道于高僧晦堂。晦堂趁木樨盛开时说："禅道如同木樨花香，虽不可见，但上下四方无不弥满，所以无隐。"黄庭坚遂悟。"闻木樨香"便成了悟道的代名词。轩后墙壁上嵌有著名的石刻二王碑帖。轩旁岩石之间，桂树丛生。凭轩环顾，中部诸景尽收眼底。

从闻木樨香轩向北，转向东侧，到池北假山顶上，有亭名叫"可亭"，为南侧明瑟楼和涵碧山房的对景。"可亭"东北方有楼阁，名"远翠阁"，取方干诗"前山含远翠，罗列在窗中"之意命名。楼下名"自在处"，取陆游诗"高高下下天成景，密密疏疏自在花"之意命名。楼高两层，单檐歇山屋顶。当时，在楼上能眺望远处的佳景。

由可亭拾级而下，过红栏曲桥，可至水中央小岛——"小蓬莱"。岛名取自《史记》："……海中有三神山，名曰蓬莱、方丈、瀛洲，仙人居之。"小岛很小，设置它只是想在不大的水面上，创造岛屿的感受。岛上配置了紫藤花架，周围碧水环绕，四周景色如展开的画轴。从小蓬莱过桥向东行走，有方亭名"濠濮"。亭名出自《世说新语·言语》："简文入华林园，顾谓左右曰：'会心处不必

濠濮亭

在远，翳然林水，便自有濠濮间想也，觉鸟兽禽鱼，自来亲人。'"濠、濮都是古人观赏鱼的地方。在这个亭子观赏鱼，别有一番情趣。

从濠濮亭向东，即曲谿楼。楼西临水面，单檐歇山屋顶。因临曲水，故以"曲谿"为名。楼长十余米，进深仅三米左右。为了打破房间的狭长感，造园者巧妙地在楼道的墙面上开空窗，取窗外景致，减弱了穿行过道的感觉。透过窗框门洞，园中景色被取进楼中，步移景异，耐人寻味。曲谿楼是划分中部景区和东部景区的重要建筑。

曲谿楼的西北方，临池有一水榭建筑名"清风池馆"，取苏轼诗"清风徐来，水波不兴"之意而命名。水榭向西敞开，设吴王靠，南置花窗，北为粉墙。夕阳西下，池中波光粼粼，别有一番景致。榭外垂柳拂水，荷叶点点，举目西望，中部景区的风光展现于眼前。总之，中部景区以水体为中心，假山、建筑环绕，园林艺术效果很好，是苏州古典园林的典范。

清风池馆以东是留园的东部景区。这里是盛氏在原有基础上扩建的院落，是为了满足居住生活而修建的住宅部分。这一部分，可会宾宴客、读书作画、抚琴对弈、赏玩品鉴、吟诗参禅、观戏啜茗。因此，这部分建筑主要以院落式布局为主，大小建筑错落有致。建筑空间之繁复，庭院之迂回曲折，在苏州园林中首屈一指。为了组织通风和采光，并兼顾房间的得景，建筑群中布置了大量的天井，空间关系十分复杂。尤其是"石林小院"一组建筑群，是建筑与园林空间相互渗透、相互交融的典范。东部景区主要的建筑有五峰仙馆、还我读书斋、揖峰轩、石林小院、林泉耆硕之馆、冠云楼、佳晴喜雨快雪之亭等，此外，还有冠云峰等景点。

清风池馆

　　五峰仙馆是留园东部景区主要建筑之一，是整个园内最高大宽敞的大厅，面阔五间，九架屋，硬山顶。因其梁柱均采用楠木材料，俗称"楠木厅"。因在其南面的小院落中，按照庐山五老峰意态堆叠湖石假山，峰石挺秀，遂请当时著名金石学家吴大澂题名"五峰仙馆"，取李白"庐山东南五老峰，青天削出金芙蓉"的诗意而命名。五峰仙馆是园主人举行宴会的场所。大厅中部偏后位置以槅扇等将大厅隔成南北两个部分。

　　五峰仙馆东北，有小楼名"还我读书斋"，又名"还我读书处"，名字取自陶渊明《读山海经》诗"既耕亦已种，时还读我书"。书斋在五峰仙馆及其东面的揖峰轩之间的夹角内，步履罕至，环境清净幽雅。自五峰仙馆往东，穿过折廊，便是"静中观"。"静中观"为只有一角的半亭，"静中观"三个字为清朱彝尊所书，取刘禹锡"众音徒起灭，心在静中观"诗句之意。过"静中观"，有屋名"揖峰轩"，轩西有一石峰，取朱熹《游百丈山记》中"前揖庐山，一峰独秀"之意命名。五峰仙馆的东南，有敞厅名为"鹤所"。鹤所，用仙鹤象征道家的隐逸之情。虽然鹤所建筑不大，且为过渡的空间，却是将附近建筑群连缀起来的点睛之笔。

五峰仙馆室内

鹤所

　　鹤所之东，有亭名"洞天一碧"。亭四面皆有小院落，一面通过亭的开敞面对景，三面通过空窗对景，得景极佳。由揖峰轩、静中观、还我读书斋、鹤所、洞天一碧围合成的院落，就是著名的"石林小院"。院落不大，却设置了7个面积不大的院落空间，使建筑获得的景色极为丰富。这组空间，是苏州古典园林中院落处理的典范，它在有限的范围里，营造出了往复无穷的园林空间。

　　从揖峰轩东行，有鸳鸯厅"林泉耆硕之馆"，意思是说，这座建筑是年老而德高望重者在林下泉边的游憩之所。它虽然体量比五峰仙馆略小，但在艺术上则极富成就。大厅面阔五间，单檐歇山屋顶。中间用屏门、落地罩、围屏将大厅分为南北两厅。主厅面北，梁架扁作，南厅为圆作梁架。北厅可观赏冠云峰的峰石，南厅以听曲为主要活动内容。大厅的室内装修十分精美，陈设豪华，雕刻精彩，富丽堂皇，与五峰仙馆共同成为江南园林厅堂建筑的代表作。林泉耆硕之馆北侧的院落，中心为一小水面"浣云沼"。
浣云沼之北假山中，伫立着著
名的石峰"冠云峰"。环绕冠
云峰的东、北、西三面的，分
别是待云庵、冠云楼、冠云台
和佳晴喜雨快雪之亭。

此外，留园中尚有西、北
部景区，这两处景区总体上比
较自然和疏落。

作为我国的四大名园之
一，留园的艺术特色有五。一
是有游居适宜的山水布局。古
人造园极讲究可游、可居。
游，就是游憩于山林野趣之

石林小院一隅丰富的空间穿插和渗透

中；居，就是在如画风景中读书、习艺、雅集和宴娱。只有达到这两重境界，园才算造得完美。留
园的营造就极佳地体现了这两者。二是旷、奥空间的曲折对比。旷、奥是对两种园林空间的概括，
留园的空间，通过旷、奥的曲折对比，取得了极高的艺术成就，采用了借景、对景、隔景等多种手
段组织、创造和扩大空间，从而以有限的空间创造无限的境界，小中见大，以少胜多，虚中有实，
实中有虚，或藏或露，或浅或深，凝缩千里万里于咫尺之中，使园林空间无限伸展。三是园林建筑
艺术上有极高成就。留园的总面积不很大，建筑在其中所占比重却极高，在如此密集的建筑中营造
园林，需要建筑与环境结合得天衣无缝。为了解决建筑过密的问题，造园者采取了一系列的空间处
理手法和建筑布置手法，最后很好地解决了建筑密度过高和园林空间要求之间的矛盾。这也是苏州
园林乃至江南园林的艺术成就之一。四是独具特色的石峰景观。留园的石峰在苏州诸园中独具风
采，形成了林林总总的峰石大观，成为苏州园林中峰石作品的博物馆。五是花木配置极富特色。

总之，留园的建筑空间处理手法极为精湛，是江南园林空间处理的代表作。

冠云峰

冠云亭

北部景区的折廊和竹石

第十七章

网师园

网师园位于苏州市带城桥南阔家头巷11号，南临南园，北通十全街，东与圆通寺相接，西邻沈德潜故居，现占地面积6500平方米。

园原为南宋侍郎史正志万卷堂故址。淳熙初年，史氏在此建成宅园。清乾隆中期，光禄寺少卿宋宗元购得万卷堂故址营建别业。园成，宋氏以网师自号，题园名为"网师小筑"。网师是"耕读渔樵"中渔夫、渔翁的意思。这一题名，含有隐居江湖的意思。园内有亭、台、楼、阁等共十二景。有些景点的名称，如"小山丛桂轩""濯缨水阁"等一直沿用至今。乾隆末期，富商瞿兆骙购得此园，重加整修，在原有的基础上增筑月到风来亭、云冈亭、竹外一枝轩、集虚斋等，基本上形成今天的规模和格局。瞿兆骙沿用了网师园的旧名，在园中盛植牡丹、芍药，承故园富贵气象。

1958年，上海同济大学古建筑专家陈从周教授带学生来苏州做古典园林实测，见此园价值极高，遂向苏州市政府提出修复建议。经过多方努力，相继修复厅、堂、亭、榭，假山驳岸，增植花木，恢复殿春簃庭院"潭西渔隐"处的方门和涵碧泉，新建园东北的梯云室和殿春簃庭院内的冷泉亭。

网师园1958年10月对外开放。1979年，美国纽约大都会艺术博物馆为陈列中国明代家具，决定建一明式建筑，遂以苏州网师园殿春簃为蓝本修建"明轩"庭园。1982年，网师园被列为全国重点文物保护单位。1997年12月4日，网师园被世界遗产委员会列入《世界遗产名录》。

网师园东部的住宅坐北朝南，四进院落，纵轴线上，自南而北依次有门厅、轿厅、大厅（万卷堂）和内厅（撷秀楼），各进之间隔以天井、院墙，有砖雕门楼两座，为清代苏州世家宅第的代表性作品。门临小巷，设东、西巷门。大门东、西两壁置拴马环。内厅北为后庭院，西侧有门，经五峰书屋通达园林部分。东侧过圆洞门通云窟，北侧为梯云室，再北为后园门。轿厅、内厅、后庭院、梯云室都有西侧小门通往园林部分。

网师园东宅西园，园在宅西。正通道为轿厅西侧小门，门上有乾隆时期的砖门额"网师小筑"，为网师园的主要入口。全园可分为主园和内园两部分。主园的布局以水池为中心，可分为中（环池）、南、北三部分。

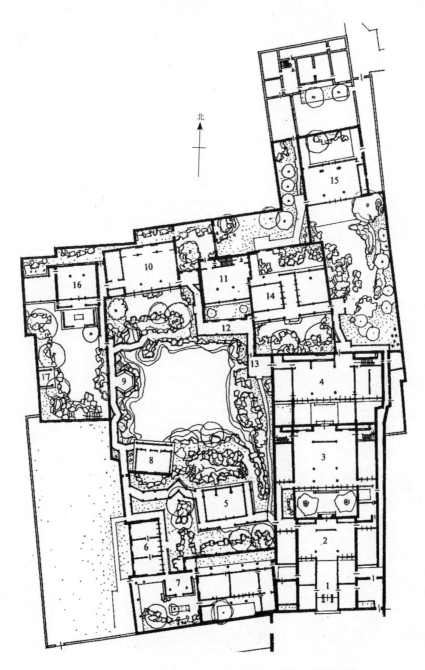

1—宅门

2—轿厅

3—大厅

4—撷秀楼

5—小山丛桂轩

6—蹈和馆

7—琴室

8—濯缨水阁

9—月到风来亭

10—看松读画轩

11—集虚斋

12—竹外一枝轩

13—射鸭廊

14—五峰书屋

15—梯云室

16—殿春簃

17—冷泉亭

网师园平面图（引自周维权《中国古典园林史》）

中部环池为全园的主景区，水池略呈方形，水面聚而不分，仅东南、西北两角伸出港汊，给人以水面余韵未尽之感。环池布置了山石、花木、建筑，构成错落有致、虚实相间的不同景观。池东有"空亭""射鸭廊"。池南有黄石假山"云冈"，构成山南"小山丛桂轩"的一道屏障。"云冈"西为凌水而建的"濯缨水阁"，与池北"看松读画轩"互成对景。池西的"月到风来亭"姿态轻盈，与池东"射鸭廊"相映成趣。池北松柏拥翠，绿荫满地，"看松读画轩"隐于松柏之后。轩东，"竹外一枝轩"傍水而建，形如船舫。池东南、西北两角港汊分别架以袖珍石拱桥"引静桥"和石板曲桥。池南部为昔日园主的宴居雅聚区，池北部为书斋区。南、北功能不同，形成景境相异的两组庭院。南部庭院山石丛错，曲折幽深，有"小山丛桂轩""蹈和馆""琴室"等建筑，其中"小山丛桂轩"为主要建筑。轩南湖石、花台低矮，栽植桂花；轩北叠黄石假山，高峻雄浑，山上植枫、榉、梅、玉兰等，玉兰花开时节，景色壮美。

小山丛桂轩

北部，池北有看松读画轩、集虚斋、五峰书屋等书楼、画室参差错落，各成小院，而又能相互连通。这些建筑退隐于后，与水池间，或隔以假山、花台，或隔以庭院、花木，使池面不受建筑物的影响，也增加了园景的层次与深度。

内园在主园以西。水池西部，过"潭西渔隐"月洞门，即内园——殿春簃小院。因院中盛植芍药名种，故名"殿春"。"簃"为小轩三间拖一复室，为过去园主的内书房。庭院西南角有涵碧泉、冷泉亭。总体上，全园面积虽不大，只是苏州中型园林中比较小巧的一座，却有迂回不尽之致，雅致小巧，布局极为精妙。

网师园的山水布局简练而富于变化。网师园托"渔隐"之意取名，水景是其重要特色。水池位于全园的中央，近乎方形，以聚为主，水源、水体、水尾层次清晰。虽然水面面积仅660平方米，却由于处理得当，有开展辽阔的感受。池东南是一条小溪，源于池南面的湖石假山，溪中还建有一座小小的水闸，表示流水从山涧奔流而来。石拱小桥"引静桥"横跨溪涧隘口，水从桥下通过，流入开阔的池面。方形的主要水体，与溪流的涓细形成对比。小桥体量很小，俗称"三步桥"，以衬托中心湖面的"大"和开阔。水池西北，有平曲桥低贴水面，将水尾分隔，产生主体水面的浩渺之感。水源和水尾使这一处水面产生了水源不尽之感。两座桥梁将整个水体分为三个部分，两桥一圆拱一低平，一大一小，一弯一折，又形成强烈的对比。池四周为黄石驳岸，高低错落，散布石矶、汀步。滨水建筑有月到风来亭、濯缨水阁、竹外一枝轩。水面上少许荷叶，点到为止，以少胜多，突出水面的开阔感受，使不大的水面不显局促。此外，殿春簃的涵碧泉，水面虽小，其下却有泉眼，终年不枯。园中假山体量不大，处理得甚为精致，与建筑、花木搭配得当，有很高的艺术成就。

引静桥

园中的主体建筑围绕着水面展开。形象最为突出而成为视觉中心的是"月到风来亭"。从东部住宅区进入西部园林区，首先吸引人视线的就是这座亭子。该亭位于花园中部水面西侧，坐西朝东，基座为黄石堆砌，面积10平方米有余。亭为六角攒尖顶，坐槛上设"美人靠"。亭心直径3.5米，亭高5米多。亭戗角高翘，弧形线条很流畅，是典型的江南园林建筑形象，姿态极为动人。亭黛瓦覆盖，青砖宝顶，亭后有高高的风火墙。"月到风来亭"临水而筑，坐在亭内，清风徐来，观一泓碧水，给人以美的享受。晚上观明月，又有一番滋味。亭后曲廊逶迤，向南北两翼伸展。亭后廊墙上悬挂镜子一面，起到拓展空间的效果。亭东南，临水筑有"濯缨水阁"。水阁东南，黄石假山之南，有"小山丛桂轩"。这是一座典型的江南园林四面厅。轩南、北两侧都堆着山石，轩坐落于其间的小坞内，环境纯净而隐蔽，有很好的园林空间，四面窗外皆有园林画面，为四面厅能四面得景提供了很好的条件：南多湖石、假山，北对黄石假山"云冈"主峰，西北"濯缨水阁"隐于画面一隅。

月到风来亭

"月到风来亭"之北，松柏交翠掩映下的建筑便是"看松读画轩"。"看松读画轩"是网师园中部园区的一座主要建筑，三面雕花半窗，向南一面以廊柱支撑，采光甚佳。此轩为青瓦屋面，色调富丽大方。下设落地长窗18扇，轩内正面设挂落，两侧设纱槅支撑，左右对称亦设挂落，设纱槅支撑。北墙开半窗12扇，半窗夹堂板上雕有三国人物图。从"月到风来亭"沿廊子北行，过"潭西渔隐"洞门，门内小院渔网纹铺地，奇石当户，这就是享誉海内外的"殿春簃"小院。殿春簃是从前园主人的芍药圃，曾盛名一时。因为芍药在春末开放，故名"殿春"。殿春簃以诗立景，以景会意，是古典园林院落空间的精品。殿春簃小院占地约650平方米，空间紧凑，富于变化，集中体现了中国古典园林建筑"小中见大"的艺术特色。北侧是院落的主体建筑，将院落分为南北两组空间。建筑的北侧，是狭小的天井。因此，建筑北墙不封闭，而是开了三个大窗，用红木镶边形成三个长方形景窗。窗外天井中种植腊梅、翠竹、芭蕉、南天竹，并配以几峰湖石，形成了动人的画面。一格窗就是一幅立体的绿色画面，空灵秀美。南部为一个大院落，有山石、清泉、半亭，十分精致。这里需要特别一提的是半亭"冷泉亭"。冷泉亭位于殿春簃小院西侧，坐西向东，是开敞式

冷泉亭

半亭，南、北坐槛上设"吴王靠"。殿春簃小院的布局结构紧凑，假山自院西北逐渐隆起，继而渐渐拔高，构建半亭于山势之中，亭额题"冷泉亭"三字。亭依墙而起，面阔3米，进深2米，为四角攒尖顶半亭。亭顶线条柔和，翼角高高扬起。亭基高出地面1米，亭高5米。踏跺由湖石堆砌，起伏自然。冷泉亭之南，有碧水一泓，是一天然泉水，其旁有石刻"涵碧泉"三字。水面只数平方米，却处理得极为精巧，有石矶踏跺伸向水面，信步下石级，可蹲于泉旁，泉水伸手可掬。院东侧是一小廊，廊宽仅60～70厘米，仅能容一人勉强通过，因其小巧，衬托着整个院落，显得院落比较宽敞。

濯缨水阁

网师园的花木以绚丽多姿、形态入画见称。历代园主修复网师园时均增植花木以添景色。网师园现存的古树名木以南宋古柏、白皮松最为珍贵。五峰书屋前的"十三太保"山茶，殿春簃前的芍药，云窟的腊梅，云冈周围的玉兰、木香、紫藤等，都是园中具有特色的花木。"看松读画轩"前分别有罗汉松、古柏一株，传古柏为史正志万卷堂遗物，姿态怪奇，老根盘结于苔石间，为一园之胜。园西北折桥桥头的白皮松，树身倾斜，姿态优美，丰富了园景构图。池南云冈假山上植有树龄200年的二乔玉兰，姿态虬曲，苍劲古朴，自然斜出，俯临水面，伸向濯缨水阁翘角上。3月开花时，二乔玉兰半紫半白或内白外紫，色彩夺目，妖娆多姿。山上还植有青枫、紫荆、腊梅、桂花等。"看松读画轩"西庭院有一株200年树龄的木瓜树。轩南太湖石花台内，除古柏外，还有黑松、白皮松、罗汉松、海棠、牡丹等。琴室前庭院，沿墙有湖石，植紫竹、枣树与古桩石榴大盆景。枣树树龄200年。古桩石榴大盆景置于青砖盆中，已有350年历史，树身似被劈成半爿状，下腹空心，苍老虬曲，观叶、观花、观果、观枝，皆有不同意趣。网师园的特色花卉向来以牡丹、芍药著名。牡丹被称为花中之王，花大色艳，受人青睐。瞿兆骙时期，以"半亩牡丹大如斗"见称。露华馆、看松读画轩花台上种植牡丹，构成网师园春景之一。另有玉兰、梅花等点缀园中。五峰书屋的"十三太保"山茶，是山茶中的绝品，每年3～4月盛开，可同时绽放不同颜色的花朵，有红、粉、白、双色等，是网师园一镇园之宝。集虚斋北院有一株凌霄，攀缘于粉墙之上，使平直墙面不单调，每年5～10月开花，花大且艳。引静桥东侧山墙上有一株木香，春天一壁干花，清香袭人。殿春簃花台上种植的名贵芍药，亦为苏州古典园林中花木胜景的代表作之一。

云窟腊梅盛开的景象

总之，网师园是苏州古典园林中中小园林的代表，面积不大，却取得了很高的艺术成就。

第十八章

沃-勒-维贡特府邸花园与凡尔赛宫园林

法国古典主义园林是西方古代园林的高峰，凡尔赛宫园林是这高峰的峰巅，而勒·诺特尔则是这峰巅的创造者。

勒·诺特尔的园林作品主要有两个：一个是沃-勒-维贡特府邸花园，另一个是凡尔赛宫园林。

1656年勒·诺特尔采用了前所未有的样式开始建造财政大臣尼古拉斯·福凯的沃-勒-维贡特府邸花园，使花园成为法国园林艺术史上划时代的作品。这部作品，标志着法国古典主义园林艺术走向成熟。

沃-勒-维贡特府邸花园开始建设时，曾拆毁了三座村庄以满足用地要求。为了营造园内的水景，曾将附近一条河流改道。

沃-勒-维贡特府邸花园（引自郦芷若、朱建宁《西方园林》）

　　府邸花园采用古典主义样式，平面对称。府邸主体建筑高耸于平台之上，位于主轴线上，四周有水壕沟，统率着整个建筑群和园林。入口在主体建筑的北面，从椭圆广场放射出5条林荫大道。主体花园位于主体建筑的南面，中轴线长约1 000米，两侧布置宽约200米的花坛。花坛的外侧是茂密的林园，以高大的深色树林衬托花园。

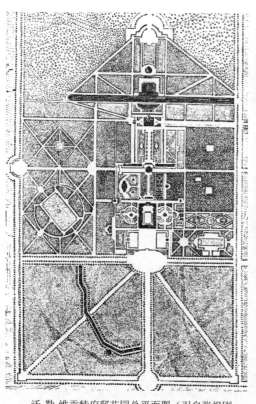

沃-勒-维贡特府邸花园总平面图（引自张祖刚
《世界园林发展概论》）

沃-勒-维贡特府邸花园鸟瞰（引自张祖刚
《世界园林发展概论》）

　　花园的中轴线采用三段式处理，是典型的古典主义手法。第一段的中心是对称的两个刺绣花坛，用红色砖来衬托修建成美丽花纹图案的黄杨绿篱。刺绣花坛的东、西两侧，为花坛台地，东侧台地安排了三组喷泉，其中以"王冠喷泉"最为精彩。位于南北和东西轴线交点上的圆形水池为第一段的结束。第二段是对称的大草坪，布置有对称的两组水面，其中一组为东西向的长方形水池，另一组为对称的椭圆形水池。运河长1 000米，宽40米，两侧是宽阔的草地，后面衬托以高大的乔木。以运河作为全园的主要横轴，虽不是勒·诺特尔的首创，但他在其后的凡尔赛宫园林中同样采用，成为勒·诺特尔式园林的重要标志。第三段也采用完全对称的种植设计。这三段中，第一段以精致的刺绣花坛为主；第二段以水景为主，重点是喷泉和水镜面；第三段以稍微自然一些的树木草地为主。所有水面的位置和大小都经过精心计算，以保证获得完整的倒影。

沃-勒-维贡特府邸花园处处显得宽敞辽阔，井然有序。

从沃-勒-维贡特府邸花园水面看府邸建筑（引自张祖刚《世界园林发展概论》）

凡尔赛宫园林规模宏大，是真正使勒·诺特尔名垂青史的作品。凡尔赛原是位于巴黎西南22千米的一个小村落，村落周围，是适宜狩猎的一片沼泽地。从园林用地的角度看，这里并不十分适合营造园林，但路易十四的决定不容更改。

起初，园林的建筑只是在路易十三时期建筑的基础上进行改建。可是这样的建筑与宏大的园林实在不相称，于是，不得不突破原有建筑，对宫殿进行再次扩建。最终，建筑的长度达到400米，与整个园林比例协调，珠联璧合。

凡尔赛宫殿和园林占地面积巨大，规划面积达到1 600万平方米，仅花园部分就达到100万平方米，连同外围的大林园，占地面积达6 000万平方米，围墙长达4 000米，设有22个入口。主要轴线是一条东西向的轴线，长达3 000米，这一轴线的延伸线长达14 000米。

凡尔赛宫坐落在人工堆起的台地上，坐西朝东，南北长400米。宫殿位于中轴线上，宫殿的轴线就是整座园林的主轴线。在建筑环绕三面的前庭中，路易十四面向东方骑马的雕像高高耸立，表达了路易十四面向东方太阳升起方向的"太阳神"地位。宫殿前三条放射状林荫大道中的一条通向巴黎城市。宫殿二楼正中，朝东布置了国王的起居室，由此可以眺望穿越城市的林荫大道，象征路易十四控制巴黎、法国乃至欧洲的雄心。

宫殿建筑的西侧是花园，沿着主轴线，逐一布置了水花坛、拉托娜喷泉水池、国王林荫道、阿波罗喷泉水池、运河和皇家广场等主要节点。在与这条主轴线垂直的方向，又布置了若干副轴线，并布置了大量的位于主轴线两侧的对称的景点。整个花园靠近宫殿建筑的部分，也就是运河之前的部分，景点密集，精美绝伦。至运河后，景点布局逐渐放松，形成景观上的对比。宫殿以西，首先是一组水花坛，由5座泉池组成。水花坛西侧，是拉托娜喷泉水池。在罗马神话中，拉托娜是私生子太阳神阿波罗的母亲，喷泉水池中，拉托娜站立在层层抬升的圆形水池的最高层，周围是唾骂她的村民和由于唾骂她而被天神变成乌龟、蛤蟆的村民。拉托娜喷泉水池，点明了赞颂太阳神母亲的主题。喷泉从四面八方喷向拉托娜的雕像，将雕像笼罩在水雾之中。拉托娜喷泉水池以西，是长330米，宽45米的"国王林荫道"。林荫道中间为25米宽的草坪带，两侧是园路。园路的外侧，每隔30米树立一尊白色大理石的雕塑或瓶饰，以高大的七叶树作为背景。林荫道的尽头，是主轴线的高潮——阿波罗喷泉水池。椭圆形的水池中，太阳神阿波罗紧握缰绳，驾着巡天的金色马车，朝向太阳升起的方向——东方破水而出。阿波罗喷泉水池之后，是凡尔赛宫

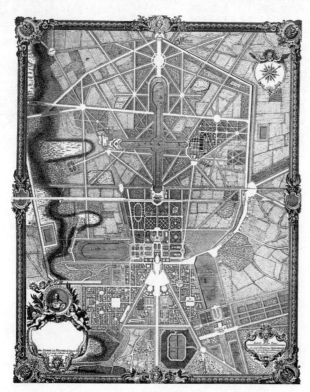

凡尔赛宫花园总平面图（引自张祖刚《世界园林发展概论》）

园林中壮观的十字形平面的大运河。大运河的长轴与整个花园的主轴线吻合，东西长1 650米，宽62米，其南北方向的副轴线，长1 013米。大运河在东端、十字形交汇处，西端都放宽为轮廓优美的水池。路易十四经常泛舟运河之上。在运河的西端，是一座皇家广场。

凡尔赛宫鸟瞰（引自张祖刚《世界园林发展概论》）

拉托娜喷泉水池（引自张祖刚《世界园林发展概论》）

阿波罗喷泉水池（引自张祖刚《世界园林发展概论》）

　　在主轴线上布置的这几组大型景观的南北，分别布置了许多成组的小型园林。路易十四喜爱柑橘树，就在宫殿的南侧建设了柑橘园，并把福凯花园中的柑橘树搬了过来。柑橘园后来又经扩建，摆放了大量的盆栽柑橘及石榴和棕榈树。在水花坛的南、北两侧建有两座花坛——南花坛和北花坛。南花坛实际上就是温室（这里利用地形的高度差，建造了一座温室）的屋顶花园，处理成开敞的空间，由两块花坛组成，中心各有一座喷泉。北花坛与南花坛在对称之中又富于变化。北花坛地势较低，也由两座花坛及喷泉组成，四周由宫殿和林园环抱，环境幽雅。北花坛的北侧，有著名的水光林荫道，还有凯旋门、龙头喷泉和海神池喷泉。拉托娜喷泉水池的南北两侧，分别布置有舞厅、迷园、阿波罗沐浴场和水剧场。国王林荫道南北两侧，则布置有数座成组的林园。

壮丽的海神池喷泉（引自张祖刚《世界园林发展概论》）

从平面构图和整体氛围来看，整个凡尔赛宫气势宏大，高度统一却似乎缺乏变化，但是，这些小园林的小环境十分幽雅，富于变化，成为凡尔赛宫园林的重要亮点。这些小园林的尺度较小，相对于奉献给神的园林的尺度而言，这里更适宜人的活动，能产生一种亲切感。在园路的四个交点处，分别布置了四座喷泉水池，池中设有象征春天的花神、象征夏天的农神、象征秋天的谷神和象征冬天的酒神，代表四季。每一座小林园都有自己的主题。

总体上，凡尔赛宫园林是法国乃至整个欧洲古典主义规则式园林的巅峰之作。这种园林的构图形式，深刻地影响着后来的园林规划设计，并影响着城市的规划设计。

勒·诺特尔式园林的特点如下。

一是轴线的设计。轴线是勒·诺特尔式园林的灵魂。在勒·诺特尔式园林中，轴线是控制整个平面构图的核心和关键。有了轴线，才有了古典主义的"伟大风格"。轴线是主体建筑统率整个建筑群和园林的关键所在。越是靠近主体建筑的部分，轴线感越强烈。与中国园林如颐和园的轴线相比，这里的轴线基本上是平地或略有起伏丘陵上的轴线，而且尺度更加巨大，延伸得更远。同时，轴线的平面形态是直线、垂线加放射线的。这不仅与中国园林有所不同，同意大利的古典主义园林也有差别。主要的景点都布置在轴线的交点上或者对称布置于轴线的两侧，形成所谓的"视心"。主轴线、次轴线把景观巧妙地组织起来，在很远之外就拉开了宏伟壮丽宫苑的帷幕，然后将主要的景点逐一展现在欣赏者的面前。轴线的一端通向城市，另一端通向自然和原野，使园林把城市和自然紧密地联系在一起。

运河边特里阿农园景（引自张祖刚《世界园林发展概论》）

运河一隅（引自张祖刚《世界园林发展概论》）

二是对称均衡的布局。在中轴线两侧对称或均衡地布置图案式花坛和丛林，既在细节上产生了微小的变化，又保持了总体上的统一。对称和均衡是古典美的重要元素。平面上的对称和均衡，使整个平面构图完整，气势恢宏。凡尔赛宫园林的对称和均衡，不完全等同于意大利台地园的对称和均衡，由于有了放射状的对称轴，凡尔赛宫园林富于动感，使对称和均衡与构图的动势结合得十分完美。

三是林荫路和林荫大道的设置。林荫路和林荫大道是勒·诺特尔式园林的重要要素。勒·诺特尔式园林的道路是平行的和交叉的直线道路，这些道路很多两侧种植了成排成行的树木，形成林荫路，在较为壮丽的地方，形成林荫大道。林荫路和林荫大道通常由榆树、椴树、七叶树、悬铃木等巴黎的乡土树种构成。长长的林荫路具有深远的透视感，引导参观者的视线伸向端点，形成一条条的视轴和视觉通廊。林荫路的交叉点和端点处通常布置雕塑和喷泉，并以这些雕塑和喷泉形成视心或视觉终点。

雕塑（引自张祖刚《世界园林发展概论》）

四是丛林形成园林的背景。凡尔赛宫尺度十分巨大，要把如此大面积的园林全部建设成为精致的刺绣花坛是不可能的，因此，在总体构图中，园林分别以精致的部分作为图形，以放松的部分——丛林作为背景，互相衬托。类似中国园林"疏可走马，密不透风"的对比手法，凡尔赛宫园林以丛林的野趣衬托精致部分的人工雕琢，以精致的人工雕琢部分衬托丛林的自然气息，达到了很好的效果。

五是建筑和花园形成完整的整体。这与中国园林虽然在具体形式上存在差异，却是殊途同归的。建筑位于花园构图的中心，建筑与所有的轴线统一而完美。古典主义的建筑体量适度，简洁、庄严而雄伟。建筑与花园的空间是协调的，在协调中又形成不同要素的对比，强调将花园的画面引入建筑内部。例如，凡尔赛宫的起居室，充分地将花园的美纳入建筑室内，在室内可欣赏室外美景。

凡尔赛宫园林，不仅影响了后世的园林，还广泛地影响了城市规划。美国华盛顿中心区的规划、澳大利亚堪培拉的城市规划等，都明显带有勒·诺特尔风格的特征。

第十九章

怎样欣赏园林

每一座园林都是一件艺术品，应该怎样欣赏它呢？

欣赏园林，要欣赏园林的精神内涵。古往今来的许多园林，都不是简单地把山水、建筑、园路、花木堆砌在一起，而是在园林营造之初，就确定了高远的立意，也就是赋予了园林精神方面的内涵。因此，欣赏园林，首先要欣赏园林的精神内涵。

欣赏园林，要把园林放在整个中国乃至世界的园林体系中去欣赏。本书为大家介绍了园林发展的简要历程，就是为了让大家初步领会园林的艺术体系，为今后的园林欣赏奠定基础。

欣赏园林，要掌握园林的基本造园手法和理论。中国传统园林的造园手法博大精深，现代的造园理论，结合了现代科学技术的发展，也取得了重大的进展。要充分掌握这些造园理论，为园林的欣赏服务。

欣赏树木的冬态（耿丽萍提供）

欣赏园林，要学会欣赏构成园林的要素之美。园林的山水地形、建筑、园路、植物，都有其自身的美。在欣赏园林的过程中，欣赏这些园林的要素之美，十分重要。例如，江南建筑的轻盈灵动和北方建筑的端庄雄浑，就形成了不同的美。又如，园林植物随着时间的变化，产生不同的季相之美、时相之美、龄相之美。这些，都是欣赏的重要内容。

欣赏园林，要欣赏园林的生态之美。生态美是一种最高境界的美。美的核心在于和谐。这种美是不同植物的和谐共生，是植物与地形、建筑、道路的和谐共存，更是人与自然的和谐共处。这种美是园林的深层次的美。

腊梅花开（引自陈健行《苏州园林》）

欣赏园林，还要欣赏园林的意境。意境是诗与画及情、景、人的交融。无论中外园林，都存在意境或者类似意境的现象，需要在欣赏中充分把握。

颐和园、拙政园、留园、避暑山庄、网师园、凡尔赛宫园林等，是中外园林的代表作，无论在立意、造园手法、要素之美、生态之美还是意境方面，都有着极高的成就，是园林艺术的典型代表。深入解读这几处园林，就能把书本上讲的理论知识和园林的具体欣赏实际结合起来，从而获得园林欣赏中理论联系实际的能力。这些园林几乎囊括了所有的造园技巧和手法，解析这几座园林，就能掌握园林欣赏的技能。

意境之美（引自陈建行《苏州园林》）

和谐之美（浙江绍兴东湖）

参考文献

[1] 童丽丽. 观赏植物学[M]. 上海：上海交通大学出版社，2009.

[2] 张建新. 园林植物[M]. 北京：科学出版社，2012.

[3] 刘敦桢. 苏州古典园林[M]. 北京：中国建筑工业出版社，2005.

[4] 周维权. 中国古典园林史[M]. 2版. 北京：清华大学出版社，1999.

[5] 天津大学建筑系，北京市园林局. 清代御园撷英[M]. 天津：天津大学出版社，1990.

[6] 张家骥. 中国造园论[M]. 太原：山西人民出版社，1991.

[7] 郦芷若，朱建宁. 西方园林[M]. 郑州：河南科技出版社，2002.

[8] 天津大学建筑系，承德市文物局. 承德古建筑[M]. 北京：中国建筑工业出版社，1982.

[9] 张承安. 中国园林艺术辞典[M]. 武汉：湖北人民出版社，1994.

[10] 陈从周. 中国园林鉴赏辞典[M]. 上海：华东师范大学出版社，2001.

[11] 艾定增等. 景观园林新论[M]. 北京：中国建筑工业出版社，1995.

[12] 李道增. 环境行为学[M]. 北京：清华大学出版社，1999.

[13] 林奇. 城市意象[M]. 方益萍，何晓军，译. 北京：华夏出版社，2001.

[14] 张祖刚. 世界园林发展概论[M]. 北京：中国建筑工业出版社，2003.

[15] 清华大学建筑学院. 颐和园[M]. 北京：中国建筑工业出版社，2000.

[16] 汪菊渊. 中国古代园林史[M]. 北京：中国建筑工业出版社，2006.

[17] 苏州市园林和绿化管理局. 网师园志[M]. 上海：文汇出版社，2014.

[18] 唐学山. 园林设计[M]. 北京：中国林业出版社，1997.

[19] 徐邱. 留园[M]. 苏州：古吴轩出版社，2014.

[20] 徐文涛. 留园[M]. 苏州：苏州大学出版社，1998.

[21] 杜汝俭. 园林建筑设计[M]. 北京：中国建筑工业出版社，1986.

[22] 林菁. 法国勒·诺特尔式园林的艺术成就及其对现代风景园林的影响 [D]. 北京：北京林业大学，2005.

[23] 陈志华. 外国造园艺术[M]. 郑州：河南科学技术出版社，2013.

[24] 孟兆祯. 园衍[M]. 北京；中国建筑工业出版社，2014.

[25] 陈长文. 承德避暑山庄与外八庙[M]. 长春；吉林文史出版社，2010.

[26] 雨牧横山. 拙政园[M]. 苏州；古吴轩出版社，2014.

[27] 王晓俊. 随曲合方；莱芜红石公园改造设计[M]. 北京；中国建筑工业出版社，2012.